国家科学技术学术著作出版基金资助出版
"十三五"国家重点图书出版规划项目
岩石力学与工程研究著作丛书

地下油库水封性评价方法与应用

李术才　王者超　著

科学出版社

北京

内 容 简 介

本书系统介绍了作者在地下油库水封性评价方面取得的研究与应用成果。本书依托国内首个大型地下水封石洞油库建设项目,总结分析了地下油库技术国内外发展研究现状;介绍了用于地下油库水封性评价的水文地质概念模型和水封性评价方法体系;介绍了采用结构面试验和岩体水文性质现场试验确定裂隙岩体性质参数的方法;阐述了水封性评价的地下水动力学法、连续介质和离散介质流固耦合分析方法;介绍了油库围岩水文地质分类方法,阐述了施工期洞库水封性风险评价方法及应用情况;介绍了库区岩体低频循环荷载力学性质特征,介绍了油库运营期性能评价方法。

本书可供从事土木、水利、水电、交通、矿山等工程领域的科研和工程技术人员使用,也可作为高等院校相关专业研究生的教学参考书。

图书在版编目(CIP)数据

地下油库水封性评价方法与应用/李术才,王者超著. —北京:科学出版社,2016.3

(岩石力学与工程研究著作丛书)

"十三五"国家重点图书出版规划项目

ISBN 978-7-03-047601-2

Ⅰ.①地… Ⅱ.①李…②王… Ⅲ.①地下油库-岩石力学-渗流力学-研究 Ⅳ.①TE972

中国版本图书馆 CIP 数据核字(2016)第 047102 号

责任编辑:刘宝莉 / 责任校对:桂伟利
责任印制:肖 兴 / 封面设计:左 讯

科学出版社出版

北京东黄城根北街 16 号
邮政编码:100717
http://www.sciencep.com

中国科学院印刷厂印刷

科学出版社发行 各地新华书店经销

*

2016 年 3 月第 一 版 开本:720×1000 1/16
2016 年 3 月第一次印刷 印张:14 1/4
字数:290 000

定价:**100.00** 元
(如有印装质量问题,我社负责调换)

《岩石力学与工程研究著作丛书》编委会

名誉主编： 孙　钧　　王思敬　　钱七虎　　谢和平

主　　编： 冯夏庭

副 主 编： 何满潮　　黄润秋　　周创兵

秘 书 长： 黄理兴　　刘宝莉

编　　委：（按姓氏汉语拼音顺序排列）

蔡美峰	曹　洪	戴会超	范秋雁	冯夏庭
高文学	郭熙林	何昌荣	何满潮	黄宏伟
黄理兴	黄润秋	金丰年	景海河	鞠　杨
康红普	李　宁	李　晓	李海波	李建林
李世海	李术才	李夕兵	李小春	李新平
廖红建	刘宝莉	刘汉东	刘汉龙	刘泉声
吕爱钟	栾茂田	莫海鸿	潘一山	任辉启
佘诗刚	盛　谦	施　斌	谭卓英	唐春安
王　驹	王金安	王明洋	王小刚	王学潮
王芝银	邬爱清	徐卫亚	杨　强	杨光华
岳中琦	张金良	赵　文	赵阳升	郑　宏
周创兵	周德培	朱合华		

《岩石力学与工程研究著作丛书》序

随着西部大开发等相关战略的实施,国家重大基础设施建设正以前所未有的速度在全国展开:在建、拟建水电工程达30多项,大多以地下硐室(群)为其主要水工建筑物,如龙滩、小湾、三板溪、水布垭、虎跳峡、向家坝等,其中白鹤滩水电站的地下厂房高达90m、宽达35m、长400多米;锦屏二级水电站4条引水隧道,单洞长16.67km,最大埋深2525m,是世界上埋深与规模均为最大的水工引水隧洞;规划中的南水北调西线工程的隧洞埋深大多在400~900m,最大埋深1150m。矿产资源与石油开采向深部延伸,许多矿山采深已达1200m以上。高应力的作用使得地下工程冲击地压显现剧烈,岩爆危险性增加,巷(隧)道变形速度加快、持续时间长。城镇建设与地下空间开发、高速公路与高速铁路建设日新月异。海洋工程(如深海石油与矿产资源的开发等)也出现方兴未艾的发展势头。能源地下储存、高放核废物的深地质处置、天然气水合物的勘探与安全开采、CO_2 地下隔离等已引起政府的高度重视,有的已列入国家发展规划。这些工程建设提出了许多前所未有的岩石力学前沿课题和亟待解决的工程技术难题。例如,深部高应力下地下工程安全性评价与设计优化问题,高山峡谷地区高陡边坡的稳定性问题,地下油气储库、高放核废物深地质处置库以及地下 CO_2 隔离层的安全性问题,深部岩体的分区碎裂化的演化机制与规律,等等,这些难题的解决迫切需要岩石力学理论的发展与相关技术的突破。

近几年来,国家863计划、国家973计划、"十一五"国家科技支撑计划、国家自然科学基金重大研究计划以及人才和面上项目、中国科学院知识创新工程项目、教育部重点(重大)与人才项目等,对攻克上述科学与工程技术难题陆续给予了有力资助,并针对重大工程在设计和施工过程中遇到的技术难题组织了一些专项科研,吸收国内外的优势力量进行攻关。在各方面的支持下,这些课题已经取得了很多很好的研究成果,并在国家重点工程建设中发挥了重要的作用。目前组织国内同行将上述领域所研究的成果进行了系统的总结,并出版《岩石力学与工程研究著作丛书》,值得钦佩、支持与鼓励。

该研究丛书涉及近几年来我国围绕岩石力学学科的国际前沿、国家重大工程建设中所遇到的工程技术难题的攻克等方面所取得的主要创新性研究成果,包括深部及其复杂条件下的岩体力学的室内、原位实验方法和技术,考虑复杂条件与过程(如高应力、高渗透压、高应变速率、温度-水流-应力-化学耦合)的岩体力学特性、变形破裂过程规律及其数学模型、分析方法与理论,地质超前预报方法与技术,工程地质灾害预测预报与防治措施,断续节理岩体的加固止裂机理与设计方法,灾害环境下重大工程的安全性,岩石工程实时监测技术与应用,岩石工程施工过程仿真、动态反馈分析与设计优化,典型与特殊岩石工程(海底隧道、深埋长隧洞、高陡边坡、膨胀岩工程等)超规范的设计与实践实例,等等。

岩石力学是一门应用性很强的学科。岩石力学课题来自于工程建设,岩石力学理论以解决复杂的岩石工程技术难题为生命力,在工程实践中检验、完善和发展。该研究丛书较好地体现了这一岩石力学学科的属性与特色。

我深信《岩石力学与工程研究著作丛书》的出版,必将推动我国岩石力学与工程研究工作的深入开展,在人才培养、岩石工程建设难题的攻克以及推动技术进步方面将会发挥显著的作用。

2007 年 12 月 8 日

《岩石力学与工程研究著作丛书》编者的话

近二十年来,随着我国许多举世瞩目的岩石工程不断兴建,岩石力学与工程学科各领域的理论研究和工程实践得到较广泛的发展,科研水平与工程技术能力得到大幅度提高。在岩石力学与工程基本特性、理论与建模、智能分析与计算、设计与虚拟仿真、施工控制与信息化、测试与监测、灾害性防治、工程建设与环境协调等诸多学科方向与领域都取得了辉煌成绩。特别是解决岩石工程建设中的关键性复杂技术疑难问题的方法,973、863、国家自然科学基金等重大、重点课题研究成果,为我国岩石力学与工程学科的发展发挥了重大的推动作用。

应科学出版社诚邀,由国际岩石力学学会副主席、岩石力学与工程国家重点实验室主任冯夏庭教授和黄理兴研究员策划,先后在武汉与葫芦岛市召开《岩石力学与工程研究著作丛书》编写研讨会,组织我国岩石力学工程界的精英们参与本丛书的撰写,以反映我国近期在岩石力学与工程领域研究取得的最新成果。本丛书内容涵盖岩石力学与工程的理论研究、试验方法、实验技术、计算仿真、工程实践等各个方面。

本丛书编委会编委由 58 位来自全国水利水电、煤炭石油、能源矿山、铁道交通、资源环境、市镇建设、国防科研、大专院校、工矿企业等单位与部门的岩石力学与工程界精英组成。编委会负责选题的审查,科学出版社负责稿件的审定与出版。

在本套丛书的策划、组织与出版过程中,得到了各专著作者与编委的积极响应;得到了各界领导的关怀与支持,中国岩石力学与工程学会理事长钱七虎院士特为丛书作序;中国科学院武汉岩土力学研究所冯夏庭、黄理兴研究员与科学出版社刘宝莉、沈建等编辑做了许多繁琐而有成效的工作,在此一并表示感谢。

"21 世纪岩土力学与工程研究中心在中国",这一理念已得到世人的共识。我们生长在这个年代里,感到无限的幸福与骄傲,同时我们也感觉到肩上的责任重大。我们组织编写这套丛书,希望能真实反映我国岩石力学与工程的现状与成果,希望对读者有所帮助,希望能为我国岩石力学学科发展与工程建设贡献一份力量。

《岩石力学与工程研究著作丛书》

编辑委员会

2007 年 11 月 28 日

前　　言

石油是国家的经济命脉,现代工业的"血液"。稳定的石油供给是经济与社会可持续发展的重要保障,对保障国家经济和社会发展以及国防安全有着不可估量的作用。

目前我国石油资源不足,原油产量不能满足经济发展需求。1993 年起,我国就已成为石油和石油产品净进口国。国家能源局 2012 年统计数据表明,我国石油年总消耗量为 4.7 亿 t,其中年进口量为 2.9 亿 t,进口依存度达 61.7%,这远远超过了国际公认的安全警戒线。根据我国石油需求增长幅度,预计到 2020 年我国石油年需求总量将超过 7 亿 t,其中 2/3 需依靠进口。国际石油价格的波动对我国影响将越来越大。由于具有地域适应性强、安全性高、节约用地、建设运营费用低、环境友好等优点,地下水封石洞油库受到各国的青睐。

地下水封石洞油库技术是指在地下水位以下人工挖掘形成的洞室中储存各种石油产品的技术。地下水封石洞油库的密封性是通过地下水、岩体和水封系统协同工作得以保证。地下水封石洞油库建设是一项复杂的系统工程,在我国尚属全新的领域,许多重要的理论方法处于空白状态,亟待发展,而对地下水封石洞油库水封性的评价更是地下水封石洞油库建设中的关键科学问题。我们参加了国内第一个大型地下水封石洞油库的建设工作,在油库建设过程中,通过国内外调研、理论分析、数值计算和工程实践检验等方法,提出了地下水封石洞油库水封性评价方法体系,并在工程建设中得以应用和验证。根据我国规划的石油储备规模,预计未来几十年内将有大量地下水封石洞油库建成,由此可以预见我国即将进入大规模修建地下水封石洞油库阶段,本书研究成果将对提高我国地下水封石洞油库建设和水封性评价水平具有重要参考价值。

全书共 9 章。第 1 章绪论部分主要论述了地下油库在国内外发展、研究的现状和重要意义。第 2 章提出水文地质概念模型,论述了地下油库水封原理并提出水封性评价方法体系。第 3 章结合工程地质情况,通过结构面剪切-渗流耦合和岩体水文性质现场试验相结合的方式进行裂隙岩体性质试验研究,为水封性评价提供重要参数。第 4 章主要介绍基于地下水动力学法的评价方法,并结合现场试验数据分析,对地下水封石洞油库库区渗流场演化特征进行分析。第 5 章主要采用连续介质流固耦合分析方法,采用有限单元法对水封方式选用及施工过程对水封性影响进行分析。第 6 章主要采用离散介质流固耦合分析方法,对油库水封性和最优水幕压力进行分析。第 7 章主要论述水幕系统设计原则与连通性测试方法,并根据现场试验结果,提出水幕连通性判断方法,对水幕系统连通性进行了评价。第 8 章针对地下水封石洞油库工程的特点,提出水文地质分类方法,开展了施工期油库水封性风险评价。第 9 章通过试验研究了库区岩体低频循环荷载力学性质,开展了地下水封石洞油库运营期性能评价。

　　感谢科技部 973 项目(2013CB036000)和国家自然科学基金项目(51309145、51579141)对本研究给予的资助。感谢朱维申教授、薛翊国教授、马秀媛副教授、王刚副教授对本研究工作所给予的大力支持。感谢团队研究生平洋、田昊、周毅、姜彦彦、赵建纲、张立、王轮祥、吕晓庆、毕丽平的贡献。在研究过程中,得到了某国家石油储备基地有限责任公司等单位的大力支持与帮助,在此一并表示感谢。

　　由于作者水平有限,书中难免存在疏漏和不当之处,恳请广大专家和读者批评指正。

主要符号说明

符号	说明	符号	说明
a	裂隙连通面积与总面积之比	i	水力梯度;岩桥段长度
a_e	节理力学隙宽	$\overline{I}$	单位张量
a_h	节理等效水力隙宽	I_s	点荷载强度指数
b	流动区域宽度;屈服应力的变化速率	JRC	结构面粗糙度系数
		$\overline{k}$	渗透系数张量
b_i	第 i 组裂隙的隙宽	K	渗透率
B	铅直平面宽度	$\overline{K}$	渗透率张量
c	风险事故的后果指数	K_d	尺寸效应修正系数
C	粗糙度修正系数;初始运动硬化模量	K_{Dd}	形状效应修正系数
d	单元厚度	K_j	岩体结构面产状评分
D	渗流区	K_s	洞室尺寸修正系数
D^{el}	四阶弹性张量	K_v	岩体完整性系数
e	水力开度	K_w	流体体积模量;结构面状态评分
e'	裂隙不平整度		
E'	弹性模量	K_{xx}	x 方向上的渗透系数
f_i^c	接触力	K_μ	结构面连通率
F_i	节理壁面法向压力	l	流体流动长度;结构面长度
g	重力加速度	Δl^k	单元内第 k 条边的边长
G'	剪切模量	m	格点上的集中质量
h	潜水层的厚度	$\overline{m}$	裂隙隙面单位矢量
		$\overline{n}$	隙面法向单位矢量
H	水头	n_e	流体可通过的有效孔隙度

符号	说明	符号	说明
n_j^k	单元第 k 条边单位法向向量	u_w	孔隙水压力
p	流体压力;风险事故的发生概率	$\bar{u}$	速度矢量
p_w	水压力	$\ddot{u}_i$	格点 i 的位移
Δp	裂隙压力差	u^s	单元体在 x 方向上的位移
q	单位涌水量	v_x	x 方向的渗透速度
Q	结构面中透过水的量	v_y	y 方向的渗透速度
Q_x	x 方向的流量	v_z	渗透速度的垂直分量
Q_y	y 方向的流量	v^s	单元体在 y 方向上的位移
Q_∞	屈服应力的最大变量	V	变形后接触区域的体积
R	风险值	V_{Pm}	岩体的纵波波速
R_c	岩石单轴饱和抗压强度	V_{Pr}	岩石的纵波波速
R_m	施工期岩体质量参数	w^s	单元体在 z 方向上的位移
R_p	岩体导水性综合评分	W	单位时间单位面积上的入渗量
s	饱和度	WQ	岩体评价指数
s_i	第 i 组裂隙的隙间距	α	裂隙面倾角;比例系数;滞回应力
Δs^k	接触区域面积	α_i	第 i 组裂隙的倾角
S	偏应力张量	α_{xi}	第 i 方向裂隙组隙面法向的方向余弦
Δt	时间步长	α^{dev}	回滞偏应力
T	导水系数	β	裂隙面倾向方位角
u	超静水压力	β_i	第 i 组裂隙倾向
u_a	孔隙气压力	γ	运动硬化中塑性模量变化速率
u_{dil}	剪胀位移	γ_{sat}	饱和重度
u_{ire}	卸载时不可恢复的法向位移	γ_w	水的重度
$u_x、u_y$	速度矢量沿 x 轴和 y 轴分量		

符号	说明	符号	说明
γ_x	yOz 平面内的剪应变	μ	动力黏滞系数;给水度
γ'	体积力	μ_s	贮水率
δ'_{ij}	有效应力	ν	泊松比
ε_x	x 方向的正应变	ρ	流体密度
$\dot{\varepsilon}$	总应变	$\boldsymbol{\sigma}$	二阶应力张量
$\dot{\varepsilon}^{\text{el}}$	弹性应变	σ_{ij}	总应力
$\dot{\varepsilon}^{\text{pl}}$	塑性应变	$\sigma^0(p)$	屈服应力
θ	坡度	τ_{xy}	单元体上的切应力

目　　录

第1章 绪 论

1.1 引 言

石油是国家的经济命脉,持续稳定的石油供给是经济与社会可持续发展的重要保障条件。国内石油资源不足,供需矛盾突出,进口石油依存度不断增大。国家能源局统计数据表明,从 1993 年起,我国就已经成为石油和石油产品净进口国;2012 年我国石油总消耗量为 4.9 亿 t,其中进口量为 2.7 亿 t,进口依存度为 55%[1]。根据我国石油需求增长幅度,预计到 2020 年我国石油需求总量将超过 7 亿 t,其中 2/3 需要依靠进口。国际石油价格波动对我国社会和经济发展影响越来越大。

德国自 1978 年开展石油储备战略,目前石油储备规模满足国内 110 天的需求。美国自 1976 年开始石油储备战略,目前战略石油储备高达 7.27 亿桶,商业原油库存也有 3.5 亿桶,足够满足国内 158 天的需求。法国也于 20 世纪 70 年代开始石油储备战略,目前储备规模能满足国内 168 天的需求。日本自 1978 年开始石油储备战略,日本的国家石油储备量已达到 103 天的原油进口量,与民间石油企业石油储备量相加,相当于 184 天的原油进口量。为了保障国家石油储备战略的顺利实施,上述发达国家都进行了专门立法,从投资、管理、技术等各个层面开展了大量工作。与此对比,我国国内只有不足 40 天的石油储备量,而根据国际能源组织的建议,石油输入国应保有 90 天石油进口量的储备,按此计算 2020 年我国应保有 1.16 亿 t 以上的石油储备量,至少需建设 1.45 亿 m³ 储备库。

根据《我国国民经济和社会发展第十二个五年发展规划》,"十二五"期间,能源工作的主要任务是:合理规划建设能源储备设施、完善石油储备体系。根据国务院《能源发展"十二五"规划》,"十二五"期间,我国将"优化储备布局和结构,建成国家石油储备基地二期工程,启动三期工程,推进石油储备方式多元化"、"在地质、材料、环境、能源动力和信息与控制等基础科学领域,超前部署一批对能源发展具有战略先导性作用的前沿技术攻关项目,突破制约能源发展的核心技术、关键技术"。

由于深埋于地下,雷击、恐怖袭击、常规武器攻击均难以得手,这使得地下油库具有地上油库无法比拟的安全性[2]。地下油库还具有节约用地、节省投资和运营费用等优点。作为地下油库的一种,地下水封石洞油库以其地域适应性强、库存规模大、易扩建等优点受到各国的青睐[3]。2003 年起,国家发改委和国家能源局组织有关单位从环保、安全、节约土地资源、降低工程造价等方面,开展了国内地下岩穴储油库以及花岗岩地下水封储油库的选址、建设方案研究等前期工作。研究结果表明,在我国东南沿海可以找到不少适合建设大规模地下储油库的地质构造地点,上述地点均靠近已建成或规划建设的大吨位进口原油码头及大型石化基地。目前,山东黄岛、辽宁锦州、广东惠州和湛江 4 个国家战略石油储备地下水封石洞油库已相继开工建设,并陆续投入使用。

根据我国规划的储备规模,保守估计大约还需修建近 50 座国家石油储备地下水封石洞油库。若将国有大型石油企业和民营企业的商业储备计算在内,预计未来几十年内将有上百座地下水封石洞油库建成,由此可以预见我国即将进入大规模修建地下水封石洞油库阶段。与此形成鲜明对比的是,地下水封石洞油库建设在我国刚刚起步,缺少成熟的建设规范与可供借鉴的工程先例。因此,亟须对地下水封石洞油库修建中裂隙岩体渗流特征、水封原理和可靠性评价等基础科学问题展开研究。

地下水封石洞油库技术是指在地下水位以下的岩体中由人工挖掘形成的一定形状和容积的洞室中储存各种石油产品的技术。地下水封石洞油库的水封性是通过地下水在岩体中渗流得以实现,岩体渗流特性是地下水封石洞油库建设的基础科学问题。地下水封石洞油库一般修建在稳定的地下水位以下的岩体中,洞室开挖前,地下水完全充满岩层中的空隙。当石洞油库开挖形成后,周围岩石中的裂隙水向被挖空的洞室流动,流入洞室的水通过潜水泵抽出并进行处理。

地下水封石洞油库建设是一项复杂的系统工程,在我国尚属全新的领域,许多重要的理论方法处于空白状态,亟待发展,而对地下水封石洞油库水封性的评价更是地下水封石洞油库建设中的关键科学问题。本书研究成果将对提高我国地下水封石洞油库建设和水封性评价水平具有重要参考价值。

1.2　地下油库发展现状

1.2.1　世界地下油库发展现状

早在西班牙内战期间(1936~1939),瑞典政府为了安全储备军用和民用燃油,对石油储备方式提出了新的要求,储存方式从地上转移到了地下岩洞中。为了将燃油安全无泄漏的储存于地下,瑞典岩石力学和石油储备之父 Dr. Hageman 提出石油产品应该储存在处于水下的混凝土容器中,并于 1938 年为其想法申请了专利。他的想法第一次将水作为封存介质引入到地下石油存储,并预示着石油储存"瑞典法"的到来。1939 年瑞典人 Jansson 申请了一项储油专利,其取消了之前常用的混凝土钢衬,石油直接存储在位于地下水位以下的不衬砌岩洞中,这就是后来著名的石油储存"瑞典法"[4]。但是因为 Jansson 的储油原理过于简单而很少有人敢于应用,所以 10 年以后该方法才被用于实践。在这 10 年间最主流的方法是 20 世纪 40 年代普遍采用的 SENTAB 储罐(内部有混凝土钢衬的圆柱形储罐),其相比于最初建于地下岩洞中的自立式钢罐,可以更加有效地利用岩洞空间,并且可以采用更加薄的 4.8mm 钢板进行衬砌,但是因为建造条件的限制,每个单罐的容积都不大于 10 000m³。

1948 年在 Harsbacka 由一座废弃的长石矿改造而成的储油库首次储油标志着第一次将大量的石油储存在没有腐蚀和泄漏风险的地下非衬砌岩洞中。1949 年另一位瑞典人 Edholm 提出了类似的水封式储油的专利,并于 1951 年在 Stockholm 郊外的 Saltsjobaden 建造了容积为 30m³ 的试验油库。1951 年 6 月向洞库内注入 17.6m³ 汽油,一直储存到 1956 年 6 月。试验结果表明:没有汽油渗漏到围岩中,也没有出现汽油挥发泄漏,储存的汽油的品质没有发生任何改变。

1951 年以后水封式储油技术迅速发展,1952 年投入使用的建于 Goteborg 的 SKF 所属的储油库,是非衬砌地下水封式储油洞库的第一次商业应用。实践证明"瑞典法"不仅可以用来建造战略性的防爆轰石洞油库,而且在合适的水文地质条件下也是最经济的储油方法。从 20 世纪 60 年代到 70 年代中期,是地下储油的繁盛期,期间出现了许多新技术用来满足不同油品的地下储存,既能储存原油、液化石油气,也能储存重油。由于缺乏高效的排水设施,早期储油洞库普遍采用变动水床储油法,潜水泵的出现也使固定水床储油法得以实现。储油理论发展的同时岩土工程施工技术也在不断发展,这使储油岩洞容积从最初 50 年代的 1 万~2 万 m³,发展到 70 年代的几十万立方米。受 1973 年石油危机的影响,瑞典的石油需求量急剧下降,使得新建的石洞油库都转向石油气和天然气的存储。同期地下储油洞库在世界各国开始发展和建造,日本于 1986 年开始建造地下水封岩洞库,先后建成久慈、菊间、串木野三个地下储油岩洞库,总容积达到 500 万 m³。韩国建造原油地下储存库容积达 1830 万 m³,2006 年年底韩国在全罗南道丽水市建成了世界最大储量地下储油库,其石油总储量可达 4900 万桶。新加坡建设中的一座约400 万 m³ 大型地下石油库,储存包括原油在内的各种石油产品。沙特阿拉伯计划在 5 个地方建设地下岩洞石油储油库,其中利雅得地下石油库已投入运行,储量为 200 万 m³。津巴布韦利用岩洞储存 36 万 m³ 的原油。南非利用废矿井储存了大量的原油。墨西哥 1992 年建设了一座 150 万 m³ 原油地下库。沙特阿拉伯、土耳其、阿尔及利亚、哥伦比亚、越南、以色列等许多国家也曾经或正在开展地下水封洞库的选址和研究工作。

1.2.2　我国地下油库发展现状

我国于 1973 年修建了第一座地下水封洞库——黄岛地下水封石洞原油库,

该油库储量为 15 万 m^3,储存胜利油田原油,油库建成后试运行、水运后封存。1984 年 12 月经检修、整改后进油,至 1989 年 8 月共运行 289 次,进、出原油 204 万 t,随后停用。在黄岛地下水封石洞原油库设计建设过程中,在国外进行了大量的调研,国内有关院校进行了理论研究,研究单位进行了工程地质和水文地质试验,取得了一批具有实践意义的成果,特别是在围岩结构处理技术、围岩裂隙处理技术等方面较国外公司具有独到的见解,多年的应用证明其是非常有成效的。我国第二座地下水封洞库是 1976 年建设的浙江象山 4 万 m^3 柴油地下库,经 1990 年修复使用至今。

21 世纪初我国开始建设的国家战略原油储备基地,自第二期之后项目开始大规模采用地下水封洞库。目前,山东黄岛、辽宁锦州、广东惠州和湛江 4 个地下水封石洞油库已相继开工建设,并逐步投入使用,规模为 300 万~500 万 m^3。

1.3　地下油库研究现状

地下水封石洞油库建设过程中,为取得良好的水封效果,需要对岩体裂隙渗透特性、水封性等方面进行相应的研究和评价。本节将从裂隙岩体渗流模型、渗流应力耦合效应、水封性评价等方面阐述当今国内外的研究现状。

1.3.1　节理裂隙岩体渗流模型

在节理裂隙岩体渗流模型方面,薛禹群[5]、周志芳[6]、周创兵等[7]、仵彦卿[8]、王媛等[9]、朱珍德等[10]分别从地下水动力学和岩土水力学方面,做了大量系统工作。目前裂隙岩体渗流模型可分为三种基本类型:①等效连续介质渗流模型:把岩体看作等效连续介质体,不考虑裂隙介质的不连续性;如等效多介质连续体模型;②离散裂隙网络渗流模型:不考虑岩块的渗流,把裂隙作为非连续网络处理;例如 Sudicky 等[11]提出的单结构离散裂隙网络模型;③孔隙裂隙双重介质渗流模型:考虑岩体内裂隙导水、岩块储水的裂隙介质模型。

1. 等效连续介质渗流模型

等效连续介质渗流模型是将裂隙中的水流等效地平均到整个岩体中,将裂隙岩体模拟为有对称渗透张量的各向异性的连续体,然后利用经典的连续介质理论进行分析。在等效连续体模型中并不考虑单个裂隙的空间结构,裂隙介质被看作多孔介质,裂隙介质被假定为具有足够多数目、产状随机且相互连通的裂隙,以使其在统计角度和平均的义上定义每个点的平均性质成为可能,这样像渗透性和孔隙度一类的参数就可以和空隙介质相类比被估计出来。

国内外许多学者对此模型进行了研究。Oda[12]提出了等效连续体渗流模型的渗透张量。Harstad 等[13]通过将裂隙和基质的渗透性叠加而获得效渗透张量，其忽略了基质和裂隙之间的渗流耦合效应，裂隙系统渗透性的计算通过对裂隙中局部流速的体积平均来达到。田开铭等[14]结合实际工程，提出了裂隙岩体各向异性渗透性计算方法。肖裕行等[15]对裂隙岩体水力等效连续介质中的物理量进行了讨论。

2. 离散裂隙网络渗流模型

离散裂隙网络渗流模型把岩体介质系统看作单纯的裂隙介质系统，其忽略了岩块中的孔隙系统，地下水仅沿裂隙网络系统运动。Wittke[16]首先提出了类似于电路分析中回路法的网络线素法。毛昶熙等[17]提出了类似水力学中水管网问题的缝隙水力网模型。Wilson 等[18]则分别以三角形单元或线单元模拟岩体中裂隙。Long 等[19]则首先提出了三维圆盘裂隙网络模型，并采用混合方法进行了求解。

张国新等[20]使用 DDA 方法模拟了裂隙岩体渗流情况并对岩水耦合做了研究。王恩志等[21]建立了由管状线单元、缝状面单元和带状体单元组合而成的三维裂隙网络渗流数值模型，并采用试验方法进行了验证。谭文辉等[22]研究了离散元在网络模型中的可行性。宋晓晨等[23]将边界元法引入裂隙网络渗流模拟中，取得了较好的模拟结果。

离散单元法是采用离散裂隙网络模型求解问题时常用的数值分析方法之一。它适用于研究在准静力或动力条件下的节理系统或块体集合的力学问题。王泳嘉等[24]给出了一种适用于三维离散元分析的算法。焦玉勇等[25]开发了静态松弛离散元法程序，并结合二滩水电站模型试验的资料进行计算，取得了满意的结果。在节理裂隙岩体渗流与应力耦合特性分析方面，王辉等[26]采用离散单元法开展了重力坝深层抗滑稳定性流固耦合分析，获得了坝体抗滑稳定安全系数和最终滑动模式。王艳丽等[27]采用离散单元法对水库的库岸边坡进行了分析，获得了边坡的渗流场和应力场分布特征。卢兴利等[28]开展了断层破裂带附近采场采动效应的流固耦合分析，获得了在采场工作面推进过程中断层带变形与受力特征，以及底板支承压力、渗流矢量和渗流速度的动态发展规律。

3. 孔隙裂隙双重介质渗流模型

孔隙裂隙双重介质渗流模型分为狭义和广义两种[29]。狭义的双重介质是孔隙介质和裂隙介质共存于一个岩体系统中形成的含水介质。广义的双重介质是指"连续介质与非连续网络介质共存于一个岩体系统中形成的具有水力联系的含水介质"。这里的连续介质可以是均质各向异性或非均质各向同性的孔隙介质，也可以是由密集裂隙构成的具有非均质各向异性渗流特点的等效裂隙网络介质；

非连续介质是指连通或部分连通裂隙网络介质,如结晶岩中的裂隙和岩溶岩中的岩溶管道。

陈崇希[30]发展了岩溶管道-裂隙-孔隙三重空隙介质地下水流模型。王恩志等[31]根据岩体裂隙系统发育规律及其渗流特征,将控制渗流总体分布且起主导渗透作用的大裂隙定义为裂隙岩体中的主干裂隙网络,将主干裂隙网格间的岩块定义为裂隙岩块,从而将岩体裂隙系统看作有主干裂隙网络和裂隙岩块所构成的双重裂隙系统。王媛[32]提出了考虑连续介质模型和离散裂隙网络模型的耦合模型,即对于裂隙密度大的区域采用等效连续介质模型,对于裂隙密度较小的区域采用离散裂隙网络模型。柴军瑞等[33]考虑各级裂隙网络之间联系,建立了岩体渗流场与应力场耦合的多重裂隙网络模型。双重介质模型能较全面地反映裂隙岩体渗流的特征,但由于确定结构体与裂隙面之间的水量交换关系极为困难。因此,使用该模型有很大的局限性。

1.3.2　节理裂隙渗流应力耦合效应

岩体内力学变形的产生往往主要体现在节理的法向变形和剪切变形上,力学变形同时也影响改变着节理开度,通过耦合节理裂隙力学开度的变化和水力开度的变化,实现节理裂隙的渗流应力耦合。

在裂隙渗流与应力耦合特性方面,学者们沿着不同的思路进行了研究。Louis[34]首先对单裂隙渗流与应力的关系进行了探索性的试验研究,提出了指数型的经验公式。Jones[35]针对碳酸盐类建议了对数型的岩石裂隙渗透系数经验公式,为法向有效压力等的函数。Nelson[36]提出 Navajo 砂岩裂隙渗透系数的经验公式。Kranz 等[37]得出计算 Barre 花岗岩裂隙渗透系数的经验公式。Gale[38]通过对花岗岩、大理岩、玄武岩三种岩体裂隙的室内试验,得出经验公式。上述的经验公式都揭示出裂隙的透水性随着法向应力的增加而减小,是符合实际的,但它们所反映的减小程度不一致,反映出渗透性随着应力的增加而衰减的很快,最后趋近于零,而实际上渗透性不可能达到零,这一点已被相关研究所证实。Nelson[36]提出的公式反映了这一点,因此更为合理一些。

由于在一定的法向荷载作用下,裂隙的渗流量发生重大改变的主要原因是裂隙开度的减小,因此有些学者利用已有的法向变形经验公式,建立力学开度随应力变化关系式,再根据等效水力开度和力学开度的关系,间接导出渗透性与应力的关系。

虽然目前大多数的研究都着眼于法向荷载对断裂节理面渗透性影响的研究,剪切变形对断裂节理面渗透性的影响还没有得到应有的重视,但剪切变形对渗透性依然有着重要的影响。法向变形的增加在多数情况下引起渗透系数的减小,但是剪切变形对渗透性的影响有着较复杂的变化关系。剪切应力引起断裂节理渗透性的变化完全依赖于剪切位移的大小、节理表面形状以及节理表面凸起的剪切破坏。最初的剪切情况下的流动试验是 Sharp 等[39]在板岩的劈裂面上进行的。在剪切试验中,没有施加法向外载,只要试件本身的自重,因此节理面的剪胀不受制约。当剪切位移达到大约 0.7mm 时,节理裂隙面的传导性增长了两倍。在室内试验环境条件下,Makurat[40]在 NGI(Norwegian Geotechnical Institute)进行了有大于自重的法向应力作用下的节理剪切渗流耦合试验。试验在片麻岩节理裂隙上进行,在 2.8m 的恒定水压和 0.82MPa 的有效法向荷载条件下,当剪切位移达到大约 1mm 时,节理渗透性升高了 2~3 倍。Barton 等[41]提出了一个新的本构模型来描述水力开度(e)与真实力学开度(E)、节理粗糙度(JRC)间的关系,该模型可以用来分析在加卸载状态下力学开度和水力学开度的变化关系,以及岩石节理的剪切行为。事实上由于重力的作用,岩石节理面上都有法向荷载的作用。因此,在给定的外部荷载和边界条件下,常常难以孤立地考查剪切应力对渗透性的影响。Makurat 等[42]的试验结果也表明,在剪切过程中自然断裂节理的渗透性可能增大或者减小;对于 JRC(粗糙度系数)值较低的节理面,剪切位移对其渗透性有较小的影响。

　　为了更好地解释应力作用对裂隙面渗透性的影响机理,学者们还试图提出某种理论模型。Gangi[43]首先提出钉床模型,将裂隙面上的凸起比拟成具有一定概率密度分布形式的钉状物,并以钉状物的压缩来反映应力对渗流的影响;Walsh[44]则将为描述裂隙力学变形性质提出的洞穴模型进行了推广,用来描述应力对裂隙面的渗流特性的影响,但这两种模型具有一定的局限性,不能兼顾解释高应力下裂隙面的渗流、力学性质。于是 Tsang 等[45]在上述两种模型的基础上进一步提出了洞穴-凸起结合模型,这一模型将裂隙面看作是由两壁面凸起的接触面与接触面之间的洞穴构成的集合体,以洞穴模型反映裂隙面的变形性质,以凸起模型反映裂隙面的渗流性质,认为随着应力的增加,不仅引起洞穴直径的减小,而且引起凸起接触面积的增加,在高应力下,裂隙上的洞穴平均直径已经减小到一定程度,使得洞穴的形状由长形变成球形,接近于岩块中的孔隙形状,因此其力学性质也接近于岩块。但其渗透性却与裂隙面上凸起的接触面积有关,在高应力下裂隙面并不能完全闭合,还存在着渗流通道,因此其渗透性大于完整岩块。该模型的提出使得单裂隙面渗流、力学及其耦合性质得到了很好的解释。

　　此外,裂隙内的渗透压力也会引起裂隙的变形,因此对裂隙渗流的影响实际上是个耦合的问题,徐卫亚等[46]等对裂隙渗流与应力耦合的问题进行了研究。但由于裂隙介质的复杂性,其耦合问题还处于初始的研究阶段。

1.3.3　地下水封石洞油库水封性评价

　　在地下水封石洞油库水封性研究方面,Aberg[47,48]最早对水幕压力和洞库存储压力的关系进行了研究,提出了垂直水力梯度准则,即只要垂直水力梯度大于1,就可以保证储洞的密封性。Goodall[49]在 Aberg 的基础上扩展了该准则,建议在实际的设计中可以基于一个更简单的原则:即只要保证沿远离洞室方向,所有可能渗漏路径上某段距离内水压力不断增大,则可以保证不会发生气体泄漏。Suh 等[50]认为在非衬砌洞中保证储存气体不发生泄露的充分条件是垂直水力梯度≥0 即可,而不是之前的≥1,并且给出了详细的理论分析过程。Rehbinder 等[51]对地下水不衬砌储气洞的水幕孔进行了试验及理论上的分析得出,随着水幕洞水压的增加,储气洞的泄气量就会减小,以及洞室周围水幕孔数目增加时,相应水幕孔中的水量可减少。Nilsen 等[52]对挪威的水封地下石洞油库进行了论述,并对挪威的 Sture 储油库和 MongstadLPG 石洞油库进行了举例说明。Lee 等[53]以韩国的不衬砌地下石洞油库为例详细分析了地下水封石洞油库设计和建设过程中的各种问题,其中主要分析了洞室掌子面推进和爆破对围岩应力和变形状态的动态影响。Yang 等[54]介绍了最优化方法在储油气洞室水封幕设计中的应用。Kim 等[55]通过对 LPG 储库水头、储库气压、地下水压力和化学成分综合分析发现导致储库水头波动的因素主要是降水产生的地下回灌和储库气压,同时发现围岩断裂带是主要的地下水回灌区域,然而水幕系统可以减小储库水头的波动。

在国内,高翔等[56]以人工水幕在不衬砌地下储气洞室工程中的应用为例,分析了人工水幕的发展、基本原理、设计施工以及运行效果,总结挪威人工水幕设计施工的经验,提出了若干条保证水封条件的水幕设计准则。杨明举等[57,58]结合汕头地下水封储气洞库工程,阐述了地下水封洞库储存石油液化气原理。陈奇等[59]以实际工程为例对液化石油气地下洞库围岩稳定性进行了分析,指出洞库稳定性一方面取决于洞库周边围岩应力集中情况,另一方面取决于岩体强度和变形特征,其核心问题在于岩体完整性。张振刚等[60]介绍了水封式 LPG 地下储存的气密条件,对汕头 LPG 地下储库的丙烷储库做了渗流场三维分析,分析水幕作用及其对储洞周围渗流场的影响,论证了水封式 LPG 储库的有效性。李仲奎等[61]讨论和分析了不衬砌地下洞室在能源储存中的密封措施及关键指标等问题。许建聪等[62]采用有限差分法研究了地下水封储油洞库涌水量。时洪斌等[63,64]系统研究了黄岛地下水封洞库水封条件。蒋中明等[65]采用 Geoslope 分析了黄岛地下水封石洞油库库区地下水位分布特点及变化过程。王者超等[66]结合我国某地下水封石洞油库工程,采用有限元法分析了施工过程和岩体剪胀对洞库水封性影响。李术才等[67]采用离散单元流固耦合分析方法,分析了节理裂隙产状对洞库水封性影响。

1.4　本书主要内容

全书共 9 章。第 1 章绪论部分主要论述了地下油库在国内外发展、研究的现状和重要意义。第 2 章提出水文地质概念模型,论述了地下水封石洞油库水封原理并提出水封性评价方法体系。第 3 章结合工程地质情况,通过结构面剪切-渗流耦合和岩体水文性质现场试验相结合的方式进行裂隙岩体性质试验研究,为水封法评价提供重要参数。第 4 章主要介绍基于地下水动力学法的评价方法,并结合现场试验数据分析,对地下水封石洞油库库区渗流场演化特征进行了分析。第 5 章主要采用连续介质流固耦合分析方法,采用有限单元法对水封方式选用及施工过程对水封性影响进行分析。第 6 章主要采用离散介质流固耦合分析方法,对油库水封性和最优水幕压力进行分析。第 7 章主要论述水幕系统设计原则与连通性测试方法,并根据现场试验结果,提出水幕连通性判断方法,对水幕系统连通性进行了评价。第 8 章针对地下水封石洞油库工程的特点,提出了水文地质分类方法,开展了施工期油库水封性风险评价。第 9 章通过试验研究了库区岩体低频循环荷载力学性质,开展了地下水封石洞油库运营期性能评价。

第 2 章　地下油库水封性评价方法体系

地下水封石洞油库的水封性通过地下水、岩体和水封系统协同工作得以实现。本章介绍了水封性评价所依据的水文地质概念、模型、水封原理和所采用的方法体系,并介绍了依托工程基本情况。

2.1　水文地质概念模型

地下水封石洞油库水封性依赖于库区地质环境与洞库工程特征。洞库水封性评价必须依据库区地下渗流场、岩体性质与工程参数等基础数据信息。根据地下水封石洞油库特征,地下水、岩体性质及赋存环境和工程特征参数均会对洞库水封性产生重要影响。对上述数据信息掌握的准确程度会影响对洞库水封性评价的合理性。图 2.1 为地下水封石洞油库水封性评价水文地质概念模型。

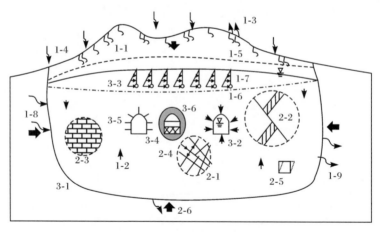

图 2.1　地下水封石洞油库水封性评价水文地质概念模型

1.地下水:

1-1.包气带水;1-2.潜水;1-3.地表蒸发;1-4.大气降水;1-5.初始水位;

1-6.最低水位;1-7.稳定水位;1-8.地下水补给;1-9.地下水排泄

2.岩体性质与地质环境:

2-1.节理裂隙;2-2.断层破碎带;2-3.地层岩性;2-4.渗透性;2-5.变形与强度;

2-6.地应力

3.工程特征:

3-1.工程区;3-2.储油洞室;3-3.水幕系统;3-4.分层开挖;3-5.支护;3-6.注浆区

　　地下水是地下水封石洞油库水封性评价的重要因素,对工程库区地层中地下水流场信息的掌握是进行水封性评价的前提条件。洞库水封性评价需要掌握以下信息:地下水赋存条件及分布规律、地下水位及动态变化特征和地下水的补给、径流及排泄条件。

　　岩体地层是实现地下储油的具体载体,对地层岩体性质与赋存环境信息的掌握是评价洞库水封性能的重要条件[68]。岩体构造、地层岩性、岩体渗透与变形强度特性决定了地层洞室开挖后的响应特征,而地应力反映了工程岩体所受的应力环境,这些因素综合决定了工程库区岩体在开挖、施加水幕等外界扰动条件下的响应特征,对于评价洞库的水封性具有重要的作用。

　　工程特征参数反映了地下水封石洞油库建设中人的影响。包括工程展布、几何尺寸、水幕系统方案等设计因素和施工组织、开挖与支护系统、注浆效果等施工因素组成的工程因素对地下水封石洞油库水封性同样具有重要影响。

　　三种因素相互影响相互制约,地下水受岩体性质与赋存环境影响,地下水和岩体性质与赋存环境控制着工程特征因素,而工程特征因素可以影响地下水和岩体赋存环境。举例来说,良好的地下水和地层条件允许建设更大容积的洞库、降低工程造价,而通过设计和施工等手段,可以改善库区地下水条件和洞库赋存环境。三种因素之间关系如图 2.2 所示。

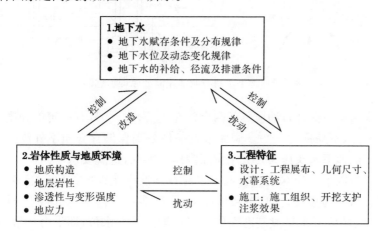

图 2.2　水封性评价中地下水、岩体性质与地质环境和工程特征之间关系

2.2　水　封　原　理

　　地下水封石洞油库一般修建在稳定的地下水位以下一定深度的岩体中,洞室开挖前,地下水通过节理裂隙渗透到岩层的深部,并完全充满岩层中的空隙。当

储油洞库开挖形成后,周围岩石中的裂隙水向被挖空的洞室流动,并充满洞室。在洞室中注入油品后,油品周围会存在一定的压力差,因而在任一油面上,当裂隙中水的渗透压力大于储存介质压力时,所储介质不会从裂隙中渗出;同时利用油比水轻以及油水不能混合的性质,流入洞内的水则沿洞壁汇集到洞底部形成水床,由潜水泵抽出。这就是水封式储油的原理[69]。储油原理如图 2.3 所示。

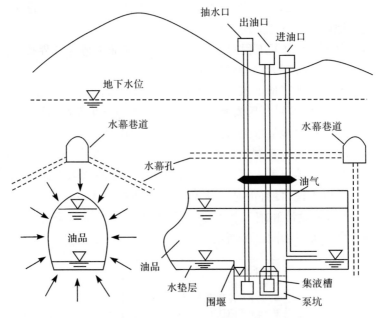

图 2.3　地下水封石洞油库储油原理示意图

地下水封洞库储存石油应具备两个条件:①密封;②具有一定的强度,以保证油品不渗不漏,不易挥发[61,67]。洞库水封条件是确保储存介质不外渗的条件,一般要求洞库的地下水头压力要大于洞库内压。因此,这就要求水封洞库必须长期处于地下水位以下一定深度。在地下水封石洞油库建设中如何确定多年最低地下水位就显得尤为重要,并且多数情况下,取得多年最低水位资料十分困难。因此,通常把区域地下水排泄基准面作为多年最低地下水位,即沿海一带可采用最低潮位或平均潮位作为地下水排泄基准面。

水封洞库设计水位是为设计洞库埋深而提供的区域性分布的理论最低地下水位,它永远低于实测的天然最低地下水位。取区域性地下水排泄基准面作为设计地下水位,而且所取区域性排泄基准面必须不受天然或人为因素影响而发生变化,具有长期稳定条件。依据上述原则,从储油洞室拱顶算起,洞室距设计稳定地下水位垂直距离按下式计算,且不小于 20m[70]。

$$H_w = 100P + 15 \tag{2.1}$$

式中, H_w 为设计稳定地下水位至洞室拱顶的垂直距离, m; P 为洞室内的气相设计压力, MPa。

2.3 水封性评价方法体系

2.3.1 水封性评价方法

根据 2.1 节水文地质模型和文献调研情况, 目前水封性评价方法可分为三大类:经验法、数值分析法和试验法。表 2.1 为水封性评价方法列表, 表中还总结了各种方法的适用范围及其特点。

表 2.1 水封性评价方法列表

类别	方法	适用范围	特点
经验法	地质分析法	初步判断库址区地下水补给、径流和排泄条件, 对洞库稳定地下水位和渗水量进行预测, 对水文地质条件进行宏观评价	主要根据地质条件、工程区降水和地下水情况以及已有类似工程数据进行粗略分析与评价
	工程类比法		
数值分析法	水动力学法	判断库址区地下水补给、径流和排泄条件, 分析评价较大规模地质构造对洞库水封性影响	主要结合详细勘察阶段地质资料, 建立与工程实际相吻合的水文地质模型, 采用水文地质模型进行分析与评价
	有限单元法	预测洞库整体地下水位变化特征和洞库渗水量大致规模, 分析中等规模地质构造和施工过程等因素对洞库水封性影响	根据详细勘察和施工勘察资料, 结合工程开挖和施工工艺, 采用等效连续介质理论方法进行分析与评价, 可采用有无流固耦合效应两种方法分析
	离散单元法	预测洞库地下水位变化特征和渗水量规模与分布特征, 分析结构面性质对水封性影响特征, 分析与评价水幕系统效率, 分析局部地下水位变化特征	根据详细勘察和施工勘察资料, 结合室内结构面性质试验和现场渗透试验, 采用离散介质流固耦合理论进行分析与评价
	裂隙网络法	评价洞库地下水水封条件, 分析不同边界条件下洞库水封条件变化规律	根据施工勘察资料获得结构面几何特征, 根据渗流规律, 获得裂隙网络中水头分布规律, 判断地下水流动规律
试验法	现场监测法	获得洞库地下水位变化特征与洞库渗水量规模和分布规律, 获得水封变化特征与地质条件、施工过程关系	主要采用观测地下水位、地下水渗透压力、量测洞库渗水量和示踪试验等方法

续表

类别	方法	适用范围	特点
试验法	水幕试验法	获得水幕系统连通性特征,提出水幕系统优化方案,获得洞库地下水位和渗水量规模及分布特征	通过开展水幕注水-回落试验、有效性试验和全面水力试验等方法
	气密试验法	全面准确获得洞库工作状态条件下洞库密封条件,获得洞库地下水位和洞库渗水量是否满足设计要求	通过开展洞库整体气密性试验,分析试验过程中气体压力变化规律,获得洞库气密性评价

2.3.2 评价方法选择原则

图 2.4 为地下水封石洞油库水封性评价程序。评价方法选择应遵循与建设阶段、评价目的和参数要求相适应的三适用原则。不同建设阶段,水封性评价内

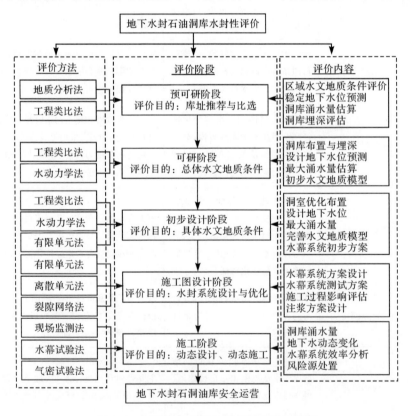

图 2.4 地下水封石洞油库水封性评价程序

容不同,已获得的地质模型参数精确程度不同;不同评价目的,水封性评价抽象物理模型不同;而不同评价方法所需参数要求也不同。水封性评价方法的选用应满足不同建设阶段、不同评价目的和不同参数要求的需求。

2.3.3　评价程序

地下水封石洞油库水封性评价应根据工程建设进度开展,可分为五个阶段:

(1)预可研阶段。该阶段评价目的为库址推荐与比选;评价内容主要为:区域水文地质条件评价、稳定地下水文预测、洞库涌水量估算和洞库埋深评估;而评价方法主要选用地质分析法和工程类比法。

(2)可研阶段。该阶段评价目的为库区总体水文地质条件;评价内容主要为:洞库布置与埋深、设计地下水位预测、最大涌水量估算和初步水文地质模型;而评价方法主要选用工程类比法和水动力学法。

(3)初步设计阶段。该阶段评价目的为库区具体水文地质条件;评价内容主要为:洞室优化布置、设计地下水位、最大涌水量、完善水文地质模型和水幕系统初步方案;而评价方法主要选用工程类比法、水动力学法和有限单元法。

(4)施工图设计阶段。该阶段评价目的为水封系统设计与优化;评价内容主要为:水幕系统方案设计、水幕系统测试方案、施工过程影响评估和注浆方案设计;而评价方法主要选用有限单元法、离散单元法和裂隙网络法。

(5)施工阶段。该阶段评价目的为动态设计、动态施工;评价内容主要为:洞库涌水量、地下水动态变化、水幕系统效率分析和风险源处置;而评级方法主要选用现场监测法、水幕试验法和气密试验法。

2.4　依托工程简介

2.4.1　工程概况

本地下水封石洞油库工程是国内首个大型地下原油储备库建设项目。库址区位于青岛市经济技术开发区。石洞油库洞室区呈北偏西方向展布,东西宽600m,南北长约838m。

工程包括地下工程和地上辅助设施两部分,设计库容 300 万 m^3,设计地下工程主要包括 2 条施工巷道,9 个主洞室,6 条竖井及 5 条水幕巷道,如图 2.5 所示。2 条施工巷道入口位于洞库南侧,设计标高均为 70m,分别沿洞库东西两侧向北延展,至洞库北端交汇,并沿主洞室方向分为 3 个分支,向南延伸至洞库南部,总长度为 5819m,终端设计标高为 -30m,平均坡降约为 13.3%。施工巷道洞跨为 9m,洞高为 8m。9 个主洞室按南北偏西平行设置,每 3 个主洞室之间通过四条支洞相连组成一个罐体,共分为 3 个洞罐组,依次命名为 A、B、C 洞罐。主洞室设计底板面标高为－50m,长度为 500～600m 不等,设计洞跨为 20m、洞高为 30m,截面形状为直墙圆拱形。主洞室壁与相邻施工巷道壁之间设计间距为 25m,两个主洞室之间设计间距为 30m。3 组洞罐各设置 2 条竖井(共 6 条竖井),直径分别为 3m 和 5m,设计井口标高为 100m,深度为 110m。主洞室顶面以上 30m 设置 5 条水幕巷道,垂直主洞室方向布置,总长度约 2835m,设计洞跨为 5m,洞高为 4.5m。

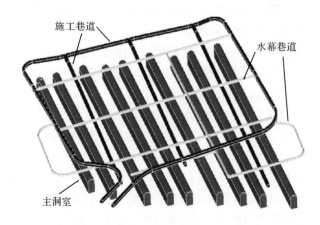

图 2.5　地下水封石洞油库地下工程立体图

2.4.2　工程地质

库址区处于胶南台隆北缘,属低山丘陵地貌。洞库山体为龙雀山,近东西走向,山脊标高 280～350m,山脊北侧为陡崖,南侧为陡坡,地形坡度一般为 35°～55°,山脊南北两侧发育近南北向及北东向冲沟。洞库主体位于龙雀山南侧,地面平均标高约 220m,最高点位于大顶子,标高为 350.9m,最低点位于 ZK012 钻孔处的竖井口位置,标高 97.50m,相对高差 253.40m。库址区大面积分布松树、槐树及杂树林,为一级防火森林,竖井口附近的山脚处有少量农田分布。

工程库址区所在区域涉及长江下游南黄海地震带和郯庐地震带,洞库场地区位于郯庐地震带内。库址区所在区域属华北板块与扬子板块结合带之胶南—威海造山带,造山带主要发育剪切带及脆性断裂构造。库址区位于牟平—即墨断裂带南缘,主要发育北东走向及近东西向断裂,库址区西侧为北东走向的老君塔山断裂,东侧为北东走向的孙家沟断裂,北侧为近东西走向的前马连沟断裂。以上断裂仅对库址区选址有作用,对洞库工程建设影响较大的是分布在库址区内的次级断裂及节理。

　　根据区域断层和结构面的调查,洞库范围内的断裂主要包括断层 F3、F7 及 F8 断层破碎带。利用详勘阶段在洞库工程区布设的观测水位钻孔:ZK001～ZK013,以推测断层影响宽度。

　　F3 呈北东走向斜穿洞库区,倾向南东,倾角 53°～70°呈冲沟负地形,在南北两端冲沟中均有露头,山脊鞍部位置有闪长岩脉出露,地表破碎带宽度 0.40～1.00m,具右行压扭性质。ZK007 钻孔在 211～214.2m 深度揭露为夹泥沙破碎带,推测倾角为 57.5°;ZK006 钻孔在 285.85～287.06m 深度揭露为破碎带,推测倾角为 62°;ZK004 钻孔在 303.45～304m 深度揭露为破碎带,推测倾角为 70°。综合考虑,破碎带的宽度不超过 2.5m,断层影响带宽度不超过 25m。

　　F7 位于大顶子南侧,根据次级节理与主断面的夹角及局部拖拽现象分析,其力学性质为右旋走滑,该断层地貌特征不明显。未钻孔揭露,推测受断层影响围岩质量变差的宽度不超过 10m。

　　F8 属破碎带,位于 F3 断层南侧,地表表现为冲沟负地形,无完好露头,钻孔 ZK012 在 163.4m 以下揭露为破碎带,垂向厚度超过 7m,推测倾向北偏东,倾角 80°,破碎带水平宽度约 1.25m,受其影响围岩质量变差的宽度不超过 10m。

　　结构面分为 5 个区。Ⅰ区主要为 NW345,Ⅱ区为过渡区,近南北方向结构面较多,并出现优势方向 NE45°结构面,Ⅲ区主要为近南北方向和 NE45°结构面,Ⅳ区主要为 NE45°～60°,NE30°和近南北向结构面,Ⅴ区主要为 NW330°～345°,北东方向较少。

　　库址区内的底层岩性可分为 4 大类:第四系残坡积,洪积层,多为褐黄色-褐红色砂纸黏性土或含黏性土碎块石,厚度为 0.55～5m。早白垩世二长花岗岩,浅肉红色-灰白色,主要矿物:斜长石、钾长石、石英、角闪石黑云母,中细粒花岗结构,块状构造,岩体教完整,强度高,属坚硬岩。晚元古界花岗片麻岩,浅肉红色-浅青灰色,主要矿物为:钾长石、斜长石、石英、角闪石黑云母,细粒花岗片麻结构,块状构造,岩体较破碎-较完整,占洞库岩体 80% 以上,均属坚硬岩。早白垩世中煌斑岩,闪长岩,灰绿色-深灰色,细晶-隐晶结构,块状构造,强度稍低于花岗片麻岩,抗风化能力差,遇水和空气后强度丧失快,易出现崩解现象。

　　根据试验成果,按岩性并考虑对洞库的影响程度,对围岩物理力学参数进行分类统计,统计结果如表 2.2 所示。对洞库影响范围内岩体进行分级,各级岩体所占比例如表 2.3 所示。在该分级中,Ⅰ级围岩稳定性最好,Ⅴ级围岩稳定性最差。由表 2.3 可以看出,洞库围岩多为Ⅱ级和Ⅲ级,整体稳定性较好。

表 2.2　石洞油库工程围岩物理力学参数

类别	块体密度 /(g/cm³)	弹性模量 /GPa	泊松比	抗剪强度参数	
				黏聚力/MPa	摩擦角/(°)
+20m 以上	2.64	48.3	0.18	8.14	58.79
+20m 以下	2.63	52.7	0.19	10.17	71.14

表 2.3　洞库围岩各级岩体所占比例

岩体级别	I	II	III	IV	V
各级岩体所占比例/%	8	56	21	8	7

2.4.3　水文地质

　　该地下水封石洞油库工程建设场地位于青岛市,为华北暖温带季风型大陆气候,受海洋环境影响及调节,具有明显的海洋性气候特点,空气湿润,气候温和,年平均气温为 12.2℃,最高气温出现在 8 月,最低气温出现在 1 月,全年多风,多年平均风速为 2.8m/s,年平均霜期大于 90 天,年平均结冰期为 82.1 天,四季分明,具春迟、夏凉、秋爽、冬长的特征。所在区域多年平均降水量介于 711.2～798.6mm,降水特点有一定时空分布规律:其一,年内各季分配不均匀,汛期(6～9月)占 70%～76%,多集中于几次暴雨,枯水期(3～5 月)占 13.5%,平水期仅占5.02%;其二,年际间降水量变化悬殊,枯水年系列持续时间较长,1995～2000 年降水量除 1997 年(753.8mm)外呈上升趋势,即 545.7～1025.0mm,平均降水量821.4mm,降水形式以雨为主,年均陆地蒸发量为 141.0mm,月平均最高值出现在5 月,为 175mm。

　　所在区域属濒临黄海的低山丘陵区,区域内山海相连,发育河流均属东南沿海水系。区域内有南辛安河、辛安前河、辛安后河、横山河、周家夼河等 12 条,总长 139km,流域面积 113.2km²,为季节性河流,源短急流,单独入海。流域面积在10km² 以上的河流共 5 条,即南辛安河、辛安前河、横山河、周家夼河、独垛子西河,径流分别汇入胶州湾和黄海。区域内规模较大的水库为小珠山水库,其设计库容量为 3111 万 m³,汇水面积达 34km²,1996～2000 年平均汛期蓄水量为 542.8 万m³/a,汛后蓄水量达 889.6 万 m³/a,主要用于城镇用水,灌溉面积仅 10km²。场地山脊南侧发育殷家河,北侧发育龙河,均属流域面积极小的山溪性河流。场地山脊南北两侧发育较多的近南北向、北东向、北西向冲沟,切割均较深,雨水汇集沟中,形成季节性溪流。建设场地南侧地表径流通过殷家河或以冲沟溪流形式汇入殷家河水库,北侧地表径流部分汇入谢家水库,部分直接汇入胶州湾。场地南侧的殷家河水库属青岛经济技术开发区规划的 II 级饮用水水源地,流域面积

6.0km²,建成于 1973 年 8 月,总库容 410.3 万 m³。

　　根据水文地质调查,库址区含水介质为晚元古界花岗片麻岩,主要的地下水存在类型为松散岩类孔隙水和基岩裂隙水,基岩裂隙水又可分为浅层的网状裂隙水和深层的脉状裂隙水。松散岩类孔隙水赋存于第四系强风化层中,为花岗岩风化残积土,包括第四纪山前组含砾砂土或亚砂土,主要分布于近东西向山脉南北两侧地势相对平缓的地区,沟口分布相对较厚,分布面积较广。浅层的网状裂隙水赋存空间介质为晚远古界花岗片麻岩,岩石片麻理、节理发育,受第四系厚度和地形的影响,在山前第四系发育而地势相对平坦的地区,埋深在 20~30m 以下,而山上网状裂隙水的埋深根据各钻孔的水位可以看出,地形越高,埋深越大。这部分水与其上部的松散岩类孔隙水联系紧密,受大气降水补给,局部地形控制,在个别山脚溢出带以泉的形式排出。水量大小与大气降水、基岩岩性、裂隙发育程度、地貌汇水条件和构造发育程度等因素密切相关。深层的脉状裂隙水深度变化不一,受构造运动和结构面发育的影响,主要分布在离地表 80m 以下的地方,赋存介质亦为晚元古界花岗片麻岩。整体来讲,这部分水总体所占比例较少,但分布集中,个别地方以承压水的形式存在,与地表水联系小,但对洞室开挖时涌水量的评价有一定的意义。勘察期间对库址区内的 15 个钻孔进行了地下水位测量,水位埋深−0.18~143.00m,标高 93.07~268.48m,地下水位标高基本受地形控制;对库址区及其周围的水井、地表水体的水位进行了观测测量,水位埋深 0.00~10.77m,标高 39.00~124.35m,水位标高变化基本与地形基本一致。

　　地下水以大气降水为主要补给来源,由于花岗岩裂隙发育,地形较陡,地面坡度大,使大气降水多以地表径流形式排泄,渗入量很小,补给贫乏。据该地下水封洞库工程水资源论证报告,该区山丘区 1980~2000 年期间降水入渗补给量的多年平均值即为山丘区近期下垫面条件下多年平均地下水资源量,计算得出山丘区地下水资源模数为 5.38 万 m³/km²,即多年平均降水入渗补给量为 53.8mm,该区多年年平均降水量 736.2mm,故该区降水入渗系数为 0.073。由上可见,在山区,降水入渗补给地下水的量是相当少的,主要降水都通过地表径流排泄至水塘或水库。库址区地下水以大顶子山至龙雀山一线作为分水岭,向南北两侧流动。因地下水水力梯度较大,风化裂隙和构造裂隙发育,地下水径流通畅。地下水向谷底和山麓流动汇集,并以潜流或下降泉的形式排泄于山沟或山麓残坡积层中。脉状裂隙水循环深度较大,径流途径长,以潜流形式沿节理裂隙排泄于下游残坡积层中。随着地表坡度的减缓,地下水的水力梯度减小,等水位线密度变稀疏,反映了地下水随地形变化的特征。

2.5　本章小结

水封性评价是地下水封石洞油库建设的关键科学问题。本章主要内容总结如下：

（1）提出了地下水封石洞油库水封性评价的水文地质概念模型，总结了水封性评价中地下水、岩体性质与地质环境和工程特征三个方面需掌握数据基础，分析了三者之间关系。

（2）总结了经验法、数值分析法和试验法三大类评价方法的特点和适用范围，提出了评价方法"三适应"选择原则：评价方法与建设阶段、评价目标和参数要求相适应，提出了评价流程，分析了不同评价阶段所应采用评价方法和重点的评价内容。

（3）介绍了依托工程概况、工程地质和水文地质条件。

第 3 章　裂隙岩体性质试验研究

裂隙岩体性质试验是获得岩体渗流力学和流固耦合性质的重要手段[71~73]，也是进行地下水封石洞油库水封性评价的重要内容。本章依托工程岩体进行了结构面剪切-渗流耦合试验，分析了裂隙法向变形和切向变形对岩体裂隙力学和渗透性质的影响；根据岩体水文性质现场试验，获得了施工期库区地下水位变化特征和洞库渗流量大小及分布特征；采用现场试验和理论估算等方法获得了库区裂隙岩体渗透性特征。

3.1　结构面剪切-渗流耦合试验

3.1.1　试验方法

1. 试验设备

本试验系统参照国内外现有技术和设备，应用全数字伺服控制器、传感器技术、比例积分微分(PID)控制技术和机械精细加工技术等软硬件技术开发而成。整体由轴向加载框架、横向加载机构、轴向和横向蠕变控制系统、渗流子系统、剪切盒及数控系统组成，如图 3.1 所示。

图 3.1　剪切渗流耦合试验系统示意图

本试验系统克服了以往传统剪切试验机的缺点，能适应各工况条件下结构面的变形特点,能在不同边界条件下对试件进行剪切渗流耦合试验。在法向上,试验系统有三类可控边界条件:恒定法向荷载、恒定法向位移和恒定法向刚度。在平行剪切方向上,可施加剪切力、位移或渗透压力。在三种边界和荷载条件下可进行以下试验:剪切试验、渗透试验、闭合应力-渗透耦合试验、剪切应力-渗透耦合试验、剪切渗流流变试验和辐射流试验等。

2. 试验设备技术指标

试验系统关键技术指标主要体现在垂直加载单元、水平加载单元及其伺服控制部分、渗流加载单元及其伺服稳压系统上。试验系统关键技术指标如下:垂直加载单元和水平加载单元,最大荷载均达 600kN,测量控制精度均达到示值的 ±1%;垂直和水平向伺服控制部分,荷载最小和最大加载速率分别达 0.01kN/s 和 100kN/s,位移最小和最大加载速度(位移控制)速率分别达 0.01mm/min 和 100mm/min,位移控制稳定时间为 10 天,其测量控制精度达到示值的 ±1%;渗透压力伺服稳压系统(稳态法和瞬态法)最大渗透压力能达 3MPa,渗透压力稳压时间为 10 天,水的流量最小和最大测量量程分别为 0.001mL/s 和 2mL/s,相关测控精度达示值的 ±1%;渗透试验密封剪切盒,上下剪切盒剪切位移达到沿渗流方向试件长度的 25%,仍能保持剪切盒密封,并在进水口和出水口分别设置流量测量装置,可精确测量不同水压下的流量;试验机机架刚度不小于 6MN/mm。试验机较高的性能指标使其能够进行高渗透压力、高荷载或高刚度等边界条件下的结构面剪切渗流耦合试验。

3. 试验步骤

为了充分研究依托工程岩体结构面渗透特性,本研究中选取工程区典型的岩块制作试件,将采集的岩样加工成标准尺寸岩块,表面光滑精度达到 0.8mm,然后应用万能压力机将其劈裂成岩石结构面试件,如图 3.2 所示。应用三维激光扫描仪和 Z2 计算方法,计算结构面粗糙度值(JRC)。试件为对称结构面,每部分标准尺寸为 200mm(水渗透方向)×100mm(渗透宽度)×100mm(高度)。

试件制作完成后,将试件浸入水中一周左右时间,使试件充分饱和并排除岩石孔隙中的空气。将充分饱和的试件、密封圈、剪切盒装配完整后,将其放入加载框架,连接剪切臂和控制系统等。安装完毕后,先进行剪切盒和连接管线充水排气,再连接渗透加压系统。预施加初始法向荷载,即可进行渗透水压加载、法向加卸载和切向剪切加载。

4. 试验工况

具体试验工况如表 3.1 所示,部分试件如图 3.3 所示,试验中试件装配如

图 3.4 所示。本研究中采用恒定法向刚度边界条件。恒定法向刚度的控制,是根据测量得到的法向应力与法向变形计算的法向刚度值作为控制参数反馈给控制器来实现控制。

图 3.2   试件劈裂

表 3.1   试验工况

试验工况	试件编号	粗糙度(JRC 值)	边界条件	
			初始法向应力/MPa	法向刚度/(GPa/m)
恒定法向 刚度边界	J1	1.5	—	7.5
	J2	5.5	—	7.5
	J3	11.0	—	7.5
	J4	12.0	—	7.5

图 3.3   岩石试件图

图 3.4　试件装配

3.1.2　试验结果

1. 剪切应力和剪切位移关系

图 3.5 为试验中试件 J1～J4 剪切应力和剪切位移关系曲线。观察试验曲线，发现剪切过程中，剪切位移在 2mm 以内时，剪切应力与剪切位移呈近似线性关系，并很快地增加到峰值；随后随着剪切位移的增加，剪切应力在峰值后变化相对较小，趋于平稳；剪切应力在达到峰值后的变化趋势与结构面粗糙度相关，JRC 值越大试件峰后强度越大。

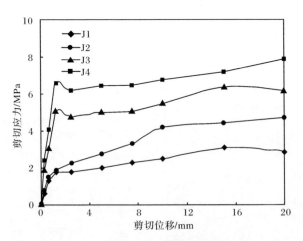

图 3.5　剪切应力-剪切位移关系曲线

2. 法向位移和剪切位移关系

图 3.6 为试验中试件 J1~J4 法向位移和剪切位移关系曲线。观察试验曲线,发现随着剪切位移的增加,法向位移逐渐增大,最后曲线趋于平缓,说明试样均发生了剪胀。法向位移的大小与结构面粗糙度相关,JRC 值越大试件法向位移越大。

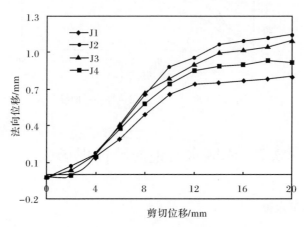

图 3.6　法向位移-剪切位移关系曲线

3. 结构面渗透特性

剪切渗流耦合试验中,根据试验条件和测得的试验数据,应用立方定律来反求各个试验试件的水力开度,从而来描述结构面渗透特性的变化规律。立方定律可以表示为[74~76]

$$Q = \frac{be^3 g}{12\mu} i \qquad (3.1)$$

式中,Q 为结构面中透过水的量;g 为重力加速度;e 为水力开度;μ 为动黏度系数;b 为流动区域宽度;i 为水力梯度。

图 3.7 为试验中试件 J1~J4 水力开度值随剪切位移的变化曲线。从曲线可以看出,变化过程可分为两个阶段。在第 Ⅰ 阶段,剪切位移小于 10mm 时,剪切位移引起结构面剪胀,随着剪切位移增加结构面水力开度值迅速增加;在第 Ⅱ 阶段,剪切位移大于 10mm 后,随剪切位移继续增加,结构面剪胀变小,结构面水力开度变化变缓,几乎不再发生变化,达到残余水力开度值。从图 3.7 中还可以看出:残余水力开度与结构面粗糙度相关,随着 JRC 值的增加,残余水力开度变大。

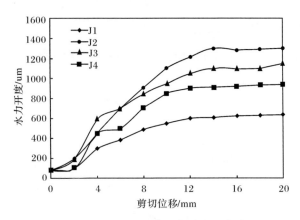

图 3.7　水力开度-剪切位移关系曲线

3.2　库区水文地质特征现场试验

3.2.1　库区地下水位

根据工程建设需要,详勘阶段在洞库工程区布设水位观测钻孔 13 个:ZK001～ZK013;为了更好掌握洞库区水位变化情况,后期新增水文钻孔 7 个:XZ01～XZ07。钻孔所在的位置如图 3.8 所示。

图 3.9 为水文孔的初始水位高程、2012 年 3 月 24 日、2012 年 6 月 28 日、2012 年 12 月 13 日与 2013 年 4 月 25 日水位高程的对比图。初始水位高程为 2010 年 3 月 26 日钻孔静止水位,从图中可以看出,库址区钻孔水位标高最大值为水文孔 ZK004,高程为 211.54m,最低高程是水文孔 XZ03,高程为 2.14m。从图 3.9 中可以看出:观测期内,ZK001、ZK004、ZK005、ZK006、ZK009、XZ04、XZ05 孔水位已基本稳定;ZK003、ZK008、ZK013、XZ02、XZ03 孔水位下降相对较大,需引起注意并加强观测。

图 3.10 为截止到 2013 年 4 月 25 日观测孔的水位下降量。表 3.2 统计了不同时期各个水位孔中地下水位的下降量。从图 3.10 中可以看出,ZK003、XZ02、XZ03 水位观测孔水位下降较大。经现场调查,ZK003 钻孔岩体较破碎,受 1 号施工巷道桩号 1 洞 0+753.9～0+770.3 左侧壁潮湿、渗水、滴水的影响,导致其水位下降较大;受水幕巷道和 3 号施工巷道桩号 0+330.0～0+367.0 段滴水的影响,导致 XZ02 孔水位下降较快;XZ03 孔水位在 2012 年 12 月开始出现剧烈下降,在观测期后半年内水位一直出现较大幅度的波动,其原因是在于该水文观测孔控制区域的地下水与水幕巷道内水幕孔和主洞室内部分渗水裂隙有直接的水力联系。

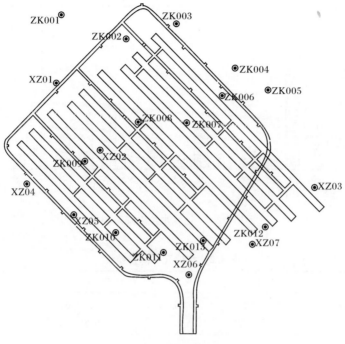

图 3.8　钻孔分布图

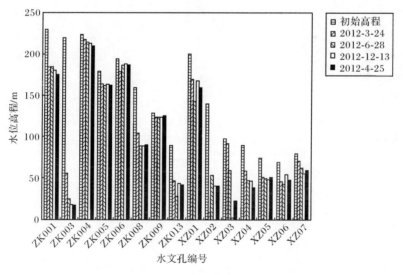

图 3.9　水位孔高程分布图

水幕孔因施工原因暂时停止时,水位大幅度下降,而水幕孔正常注水时,水位可回升。

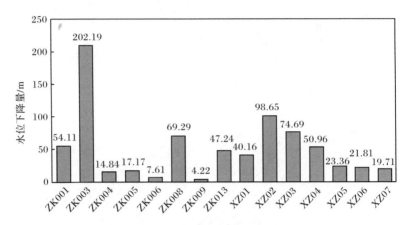

图 3.10　钻孔水位下降量图

表 3.2　水位孔下降量统计

钻孔编号	水位孔下降量/m			
	2010-3-20 ～2012-3-24	2012-3-25 ～2012-6-28	2012-6-29 ～2012-12-13	2012-12-13 ～2013-4-25
ZK001	46.1	−0.84	3.84	5.01
ZK003	163.58	31.38	6.8	0.43
ZK004	7.08	3.09	1.27	3.40
ZK005	15.91	1.7	−1.53	1.09
ZK006	15.38	−7.56	−1.14	0.93
ZK008	54.72	15.44	0.03	−0.90
ZK009	5.89	0.23	−1.16	−0.74
ZK013	42.96	17.87	−15.64	2.05
XZ01	29.89	26.67	−24.99	8.59
XZ02	130.92	−45.84	13.57	0
XZ03	5.39	32.35	57.99	−21.04
XZ04	30.57	11.36	1.05	7.98
XZ05	23.36	1.47	1.24	−2.71
XZ06	22.74	2.92	−10.88	7.03
XZ07	8.72	8.25	6.8	−4.06

3.2.2　洞库渗水量

近些年来,随着隧道等地下工程的大量兴建,地下工程岩体渗流特性研究取

得了显著进展。研究人员采用了经验公式[77,78]、数值计算[79~82]和现场实测[83]等
方法获得了地下工程渗水量规模与空间分布特征。

　　为掌握洞室渗水量情况,开展了主洞室渗水量现场实测统计工作。统计对象
为各主洞室、密封塞以下施工巷道和连接巷道揭露的主要渗水部位。统计以施工
勘察地质资料和施工验收资料为主要数据来源。为方便统计,将各部位渗水形态
以点状、线状和面状进行分类。通过数据统计,获得了各洞室及施工/连接巷道开
挖后及验收后渗水量大小以及空间分布情况。根据上述数据,估算了洞库储油区
渗水量统计理论上限值、运营期渗水量,并讨论了洞库渗水量控制标准[84]。

　　1. 统计方法

　　1) 渗水形态分类
　　根据具体情况,将渗水状态分为点状、线状、面状三种类型。
　　(1) 点状是指离散点处渗水。
　　(2) 线状是指在同一结构面上有多个渗水点。
　　(3) 面状是指某一区域有多个渗水点,且不成线状。
　　2) 统计量
　　(1) 开挖后揭露渗水量。
　　统计范围为 9 个主洞室上层、施工巷道和连接巷道,数据来自施工勘察地质
素描图。
　　(2) 验收渗水量。
　　统计范围为 9 个主洞室上层;来源于上层验收渗水量数据。

　　2. 统计结果

　　1) 开挖后揭露渗水量
　　表 3.3 为开挖后揭露渗水量统计表。表中根据渗水形态列出了各个主洞室
及施工/连接巷道渗水部位数量与渗水量。图 3.11 和图 3.12 分别为点状、线状和
面状渗水部位数量与渗水量直方图。统计范围内,点状渗水部位为 76 个,总渗水
量为 25.6785L/min;线状渗水部位为 23 个,总渗水量为 13.852L/min;面状渗水
部位为 84 个,总渗水量为 24.573L/min。
　　图 3.13 为各主洞室和施工巷道/连接巷道渗水量分布图。统计数据显示:1、
5、7、9 号主洞室以及施工/连接巷道渗水量较大,为 7~16L/min,而 2、3、4、6、8 号
主洞室渗水量均小于 2L/min。各部分渗水量总和为 92m³/d,其中主洞室渗水量
68m³/d。

表 3.3 开挖后揭露渗水量统计表

洞室	点状		线状		面状		渗水量合计/(L/min)
	个数	渗水量/(L/min)	个数	渗水量/(L/min)	个数	渗水量/(L/min)	
1号主洞室	7	0.35	3	5.425	3	4.5	10.275
2号主洞室	4	0.72	2	0.24	3	0.15	1.11
3号主洞室	3	0.055	1	0	7	0.73	0.785
4号主洞室	6	0.8165	2	0.655	5	0.205	1.6765
5号主洞室	4	3.79	3	0	5	4.076	7.866
6号主洞室	9	0.6995	2	0.109	9	0.625	1.4335
7号主洞室	11	8.621	1	0.1	7	0.554	9.275
8号主洞室	8	1.047	0	0	6	0.24	1.287
9号主洞室	9	4.4095	3	4.623	7	4.831	13.8635
施工巷道	15	5.17	6	2.7	32	8.662	16.532
合计	76	25.6785	23	13.852	84	24.573	64.1035

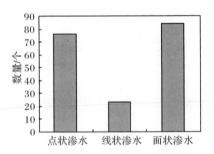

图 3.11 点状、线状和面状渗水部位数量

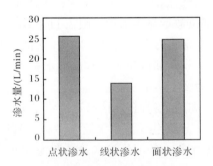

图 3.12 点状、线状和面状渗水量

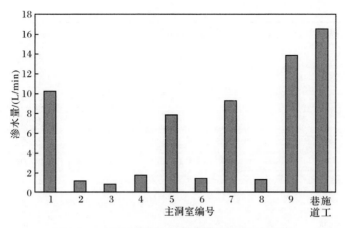

图 3.13　各洞室及施工/连接巷道渗水量分布图

表 3.4 为渗水量分布情况。表 3.4 中分别统计了各主洞室渗水量小于 0.5L/min、大于等于 0.5L/min 但小于 2L/min、大于等于 2L/min 但小于 5L/min、大于等于 5L/min 四种情况下点状、线状和面状渗水部位。图 3.14 为渗水量分布情况图。从表 3.4 和图 3.14 中可以看出,渗水量大于等于 5L/min 的共有 1 点、1 线、1 面,其渗水量占总渗水量的 26.5%;渗水量大于等于 2L/min 但小于 5L/min 的共有 2 点、1 线、3 面,其渗水量占总渗水量 33.3%;上述 3 点、2 线、4 面渗水量占总渗水量 59.8%。

表 3.4　开挖后揭露渗水量分布

洞室	渗水	<0.5L/min	[0.5,2)L/min	[2,5)L/min	≥5L/min	合计
1 号主洞室	点状	7	0	0	0	7
	线状	2	0	0	1	3
	面状	1	1	1	0	3
2 号主洞室	点状	3	1	0	0	4
	线状	2	0	0	0	2
	面状	3	0	0	0	3
3 号主洞室	点状	3	0	0	0	3
	线状	1	0	0	0	1
	面状	7	0	0	0	7
4 号主洞室	点状	5	1	0	0	6
	线状	1	1	0	0	2
	面状	5	0	0	0	5

续表

洞室	渗水	<0.5L/min	[0.5,2)L/min	[2,5)L/min	≥5L/min	合计
5号主洞室	点状	1	2	1	0	4
	线状	3	0	0	0	3
	面状	3	1	1	0	5
6号主洞室	点状	9	0	0	0	9
	线状	2	0	0	0	2
	面状	9	0	0	0	9
7号主洞室	点状	9	1	0	1	11
	线状	1	0	0	0	1
	面状	7	0	0	0	7
8号主洞室	点状	7	1	0	0	8
	线状	0	0	0	0	0
	面状	6	0	0	0	6
9号主洞室	点状	8	0	1	0	9
	线状	2	0	1	0	3
	面状	6	0	1	0	7
施工巷道	点状	12	3	0	0	15
	线状	3	3	0	0	6
	面状	29	2	0	1	32
合计	点状	64	9	2	1	76
	线状	17	4	1	1	23
	面状	76	4	3	1	84

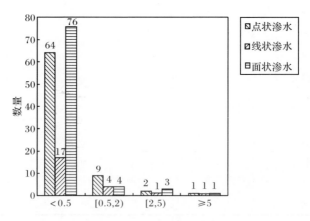

图3.14　各洞室及施工/连接巷道渗水量分布图

　　图 3.15 为渗水量大于等于 5L/min 渗水部位分布情况。7 号主洞室 0+350 处揭露有一渗水点,渗水量为 7L/min;1 号主洞室 0+376 处揭露有一导水结构面,渗水量为 5L/min;施工巷道有一面状渗水部位,渗水量为 5L/min。图 3.16 为渗水量大于等于 2L/min 但小于 5L/min 的渗水部位分布图。点状渗水部位出现在 5 号主洞室 0+098,9 号主洞室 0−043,渗水量为 2.7L/min 和 4.23L/min。线状渗水部位出现在 9 号主洞室 0+550,渗水量为 4.27L/min。面状渗水部位出现在 1 号主洞室 0+380~0+400、5 号主洞室 0+160~0+180、9 号主洞室 0+660 ~0+880,渗水量分别为 3L/min、2.7L/min 和 4.5L/min。

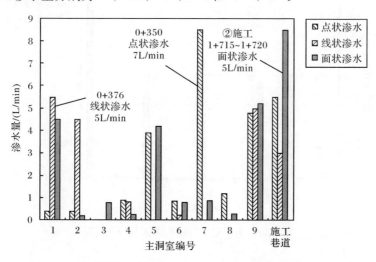

图 3.15　渗水量大于等于 5L/min 的点状、线状和面状渗水部位

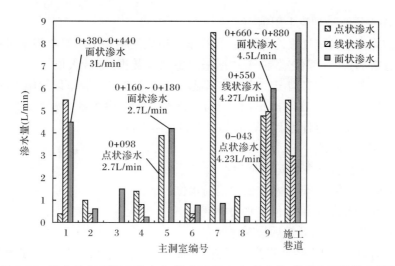

图 3.16　渗水量大于等于 2L/min 但小于 5L/min 的点状、线状和面状渗水部位

2) 验收渗水量

图 3.17 为各主洞室上层验收时渗水量统计分布图。统计范围为开挖揭露后渗水量较大而需采取灌浆处理部位,统计数据为处理后结果。数据显示:主洞室 2、3、7、9 灌浆部位处理后渗水量为 1～2L/min,而主洞室 1、4、5、6、8 灌浆部位处理后渗水量均小于 1L/min。所有主洞室上层灌浆部位经处理,渗水量降为 12m³/d。

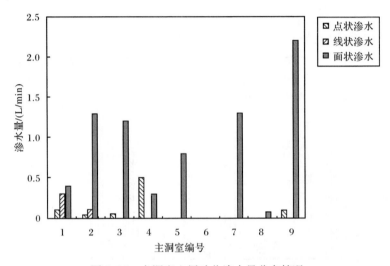

图 3.17　主洞室上层验收渗水量分布情况

3. 分析结果

1) 渗水量统计理论上限值

为估算渗水量统计理论上限值,综合施工地质勘察和上层验收渗水量统计数据进行分析,对某一部位,若两个数据来源中都有数据,取较大值。图 3.18 为综合后各部位渗水量分布情况。统计数据显示:1、5、7、9 号主洞室以及施工/连接巷道渗水量较大,为 8～16L/min,而 2、3、4、6、8 号主洞室渗水量均小于 3L/min。将各部分的渗水量总合计为 98m³/d,其中主洞室渗水量 74m³/d。

2) 运营期渗水量

考虑以下因素会影响运营期渗水量:

(1) 水位变化:运营期水位低于当前水位。

(2) 运营期储油:油压使得水力梯度减小。

(3) 中下层开挖:开挖后暴露面增大。

其中,前两个因素会使得渗水量降低,而第三个因素会引起渗水量增加。由于主洞室平行布置,渗水主要通过洞室拱顶和底部发生(所有边墙之中,1 号主洞

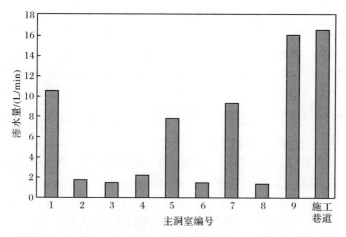

图 3.18 主洞室及施工巷道渗水量统计理论上限值分布情况

室右边墙与 9 号主洞室左边墙为主要渗水通道,其他边墙由于补给路径过长,渗水量可以忽略),因此中下层开挖后渗水量至多增加 1 倍。综合上述因素考虑,洞库运营期渗水量应不超过 110~130m³/d。

　　3) 洞库储油区渗水量控制验收标准

　　根据上述统计,储油区上层共有点状渗水部位为 76 个、线状 23 个、面状 84 个,且渗水量分布不均,多数部位渗水量较小,只有少数部位渗水量较大。中下层开挖后,暴露面增加 1 倍,假设渗水部位也增加 1 倍,储油区共有点状渗水部位 200 个、线状渗水部位 50 个、面状渗水部位 200 个。

　　洞库运营期渗水量设计值为 300m³/d[70],假设点、线和面状渗水量各占 4/9、1/9 和 4/9,则点均渗水量为 133m³/d,线均渗水量为 34m³/d,面均渗水量为 133m³/d。为确保渗水量达标和降低运营费用,将上述标准提高 3 倍:控制点渗水量为 220L/d,线渗水量为 220L/d,面渗水量为 220L/d,即可满足要求。由此可见,目前 2L/(d・m²) 的控制标准是有调整余地的。

　　此外,由于目前渗水量控制标准是面均[L/(d・m²)],此种分类方法适用于面状渗水,而不适用于点状渗水和线状渗水,因此在实施中不易操作。建议根据渗水形态制定标准。

　　4. 结论与建议

　　通过对主洞室渗水量统计,可以得到以下结论:

　　(1) 洞库储油区(含主洞室和密封塞以下施工巷道和连接巷道)开挖揭露渗水部位中,点状渗水部位为 76 个,总渗水量为 25.6785L/min;线状渗水部位为 23 个,总渗水量为 13.852L/min;面状渗水部位为 84 个,总渗水量为 24.573L/min。

储油库总渗水量为 92m³/d,其中主洞室渗水量 68m³/d。

(2) 在所有开挖揭露渗水部位之中,渗水量大于等于 5L/min 的共有 1 点、1 线、1 面,占总渗水量的 26.5%;渗水量大于等于 2L/min 但小于 5L/min 的共有 2 点、1 线、3 面,占总渗水量 33.3%;上述 3 点、2 线、4 面渗水量占总渗水量的 59.8%。

(3) 洞库储油区渗水量统计理论上限值为 98m³/d,其中主洞室渗水量 74m³/d。洞库运营期渗水量应不超过 110～130m³/d。

由于目前渗水量控制标准是针对面状渗水,不适用于点状渗水和线状渗水,因此在实施中不易操作,建议根据渗水形态制定标准。

3.3　岩体渗透性测试与估算

3.3.1　渗透系数测试结果

为了获得洞库工程区岩体渗透性,详细勘察阶段采用了三种现场试验方法:①提水及恢复试验;②注水消散试验;③压水试验。试验过程及数据分析严格按照地下水封洞库岩土工程勘察规范要求。为了便于直观地展示试验结果,对试验数据进行了整理分析,绘制成渗透系数分布图[84]。提水及恢复试验结果如图 3.19 所示,渗透系数大于 1.0×10^{-3}m/d 的有 13 个样本,在 $5.0 \times 10^{-4} \sim 1.0 \times 10^{-3}$m/d 之间有 4 个,在 $1.0 \times 10^{-4} \sim 5.0 \times 10^{-4}$m/d 之间的有 10 个,在 $5.0 \times 10^{-5} \sim 1.0 \times 10^{-4}$m/d 之间的有 3 个样本。消散试验结果如图 3.20 显示,渗透系

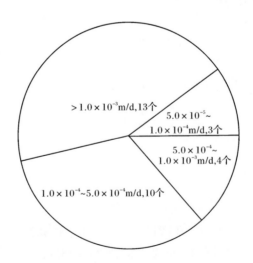

图 3.19　提水及恢复试验测得渗透系数分布图

数在 $1.0\times10^{-4}\sim5.0\times10^{-4}$ m/d 之间有 2 个,在 $5.0\times10^{-5}\sim1.0\times10^{-4}$ m/d 之间的有 2 个,小于 5.0×10^{-5} m/d 的有 3 个样本。压水试验结果如图 3.21 所示,渗透系数在 $5.0\times10^{-4}\sim1.0\times10^{-3}$ m/d 之间有 4 个,大于 1.0×10^{-3} m/d 的有 45 个样本。洞库围岩渗透系数一般在 $1.0\times10^{-5}\sim1.0\times10^{-3}$ m/d 之间,具有一定不确定性。

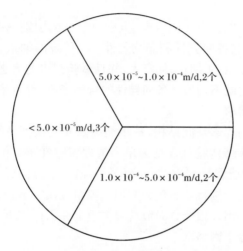

图 3.20　注水消散试验获得渗透系数分布图

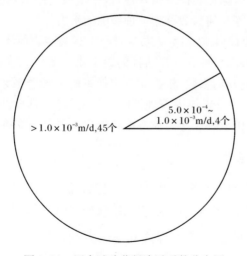

图 3.21　压水试验获得渗透系数分布图

从试验结果分析,压水试验测得的渗透系数较其他两种方法偏大。原因是由于压水试验中水压较高,导致围岩中裂隙开启,从而围岩渗透系数偏大。此外,提水及恢复试验和消散试验主要在工程岩体表层部位开展,而表层受风化影响较为严重,因此测得的渗透系数偏高。综合分析,选用 $1.0 \times 10^{-4} \mathrm{m/d}$ 作为洞库围岩渗透系数基准值较为适宜。

3.3.2　渗透系数估算

1. 估算原理

节理裂隙岩体内发育有不同方向、宽度所组成的裂隙网络,其渗透性与多孔介质相比,具有显著的各向异性和非均匀性[6]。传统的抽水、压水或注水等水文地质试验不但技术复杂、工期长、耗资大,并且试验测得的渗透参数也只是等效各向同性的。对渗透性既不均质又各向异性的岩体来讲,仅仅依靠传统水位试验不能满足水封性评价需求。

节理裂隙岩体的渗透空间结构,从单纯裂隙介质模型角度来说,分为个体结构和系统结构。个体结构特征表现为单个节理裂隙性质。作为节理裂隙系统的基本单元,它是一种线形导水空隙,曲率很小,沿一定方向延伸,隙缝宽度远小于自身延伸长度。系统结构特征表现为节理裂隙组性质。节理裂隙常成群展布,即以方向节理裂隙组产出。数个方向节理裂隙组会在不同程度上相互切穿和连通,在天然岩体中形成导水网络[85]。

节理裂隙岩体的渗透空间结构是可度量的。通常以节理裂隙面法线的方向余弦表示其方向性,以隙宽表征其张开性,以密度或间距表示其疏密性。习惯上,把方位、隙宽和密度等几何参数称为节理裂隙的水力参数。

自 20 世纪 60 年代以来,研究人员为评价节理裂隙岩体渗透性,开始采用渗透系数张量方法描述各向异性介质渗透性的数学模型[86,87]。根据目前的发展水平,主要采用节理裂隙的几何参数,根据立方定律来确定渗透系数张量。通过地质勘查,可以在短时间内获得岩体内节理裂隙的集合参数,从而获得岩体的各向异性渗透系数张量,为评价节理裂隙岩体渗流特性提供了有力支持。

2. 岩体渗透张量估算公式

用隙宽为 b 的平行板状窄缝模拟单个裂隙。假定裂隙长度远大于宽度,即在隙面方向上无限延伸。引入坐标系,单裂隙模型如图 3.22 所示。

联立 xOy 平面的稳定流方程式和连续方程,对窄缝中的流体:在 $\frac{\partial p}{\partial y}=0$、

$\frac{\partial u_x}{\partial x}=0$、$u_y=0$ 的条件下,可得到通过隙缝断面的液体流量为[74~76]

$$Q = 2\int_0^{\frac{b}{2}} u_x(y)\mathrm{d}y = -\frac{b^3}{12\mu}\frac{\partial p}{\partial x} \tag{3.2}$$

式中,u_x 和 u_y 分别为速度矢量沿 x 和 y 轴分量;p 为压力;μ 为动力黏滞系数。

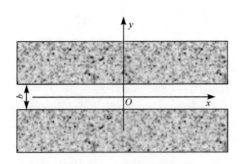

图 3.22　单裂隙模型

由隙缝的单位断面面积流量求出流体运动平均速度为

$$u=-\frac{b^2}{12\mu}\frac{\partial p}{\partial x} \tag{3.3}$$

设某裂隙的隙面单位矢量为 $\bar{m}$，隙面法向单位矢量为 $\bar{n}$。在该隙缝中任取点 M。考虑到包含点 M 的基元过水断面的法向与隙面法向一致时，沿 $\bar{n}$ 方向过点 M 的单位面积流量矢量或速度矢量等于零，流体在 M 处通过该隙缝的运动方程式(3.3)可写成如下矢量形式：

$$\bar{u}=\bar{u}^m+\bar{u}^n=\bar{u}^m=-\frac{b^2}{12\mu}\big[\Delta\bar{p}-(\Delta\bar{p}\cdot\bar{n})\bar{n}\big] \tag{3.4}$$

根据张量代数知识，将式(3.4)可转化为

$$\bar{u}=-\frac{b^2}{12\mu}\big[\overline{\overline{I}}-(\bar{n}\cdot\bar{n})\nabla\bar{p}\big] \tag{3.5}$$

式中，$\overline{\overline{I}}$ 为单位张量。

式(3.5)说明，裂隙中流体是在有效压力梯度 $\big[\overline{\overline{I}}-(\bar{n}\cdot\bar{n})\nabla p\big]$ 驱动下，沿隙面 $\bar{m}$ 方向流动。据此，对渗透率为 K 的介质，达西定律可扩展为[88]

$$\bar{u}=-\left(\frac{\overline{\overline{K}}}{\mu}\right)\nabla\bar{p} \tag{3.6}$$

当岩体内分布有 m 组裂隙时，假设裂隙无限延伸，裂隙内无充填物，α_i、β_i 为第 i 组裂隙的倾角和倾向；s_i 为第 i 组裂隙的隙间距，即同一方向裂隙组中两相邻裂隙在法线方向上的距离；b_i 为第 i 组裂隙的隙宽。根据式(3.5)，流体在介质中沿第 i 组裂隙定向渗流的速度矢量可表示为

$$\bar{u}_i=-\frac{b_i^3 s_i}{12\mu}\big[\overline{\overline{I}}-(\bar{n}\cdot\bar{n})\nabla\bar{p}\big] \tag{3.7}$$

选取坐标 x 轴与地理北极(N)方向一致，y 轴指向西(W)，以 β 表示该裂隙面倾向方位角，以 α 表示该裂隙面倾角，如图 3.23 所示。

根据扩展的达西公式可推导出第 i 方向裂隙组的渗透率张量公式为

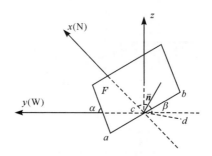

图 3.23　节理裂隙面空间方位示意图

$$\overline{\overline{K}}=(\overline{\overline{K}})_i=\frac{b_i^3 S_i}{12}\begin{bmatrix}1-\alpha_{xi}^2 & -\alpha_{xi}\alpha_{yi} & -\alpha_{xi}\alpha_{zi}\\ -\alpha_{yi}\alpha_{xi} & 1-\alpha_{yi}^2 & -\alpha_{yi}\alpha_{zi}\\ -\alpha_{zi}\alpha_{xi} & -\alpha_{zi}\alpha_{yi} & 1-\alpha_{zi}^2\end{bmatrix} \tag{3.8}$$

$$\overline{\overline{k}}=\overline{\overline{K}}\times\frac{\rho g}{\mu} \tag{3.9}$$

式中,$\overline{\overline{k}}$ 为裂隙介质的渗透系数张量;$\overline{\overline{K}}$ 为渗透率张量;α_{xi}、α_{yi}、α_{zi} 为第 i 方向裂隙组隙面法向的方向余弦,$\alpha_{xi}=\sin\alpha\cos\beta$,$\alpha_{yi}=\sin\alpha\sin\beta$,$\alpha_{zi}=\cos\alpha$;$S_i$ 为第 i 组裂隙的密度。

进一步考虑裂隙粗糙度影响,则该介质渗透系数张量为

$$\overline{\overline{k}}=\sum_{i=1}^m \frac{a\rho g b_i^3}{12\mu C s_i}\begin{bmatrix}K_{xxi} & K_{xyi} & K_{xzi}\\ K_{yxi} & K_{yyi} & K_{yzi}\\ K_{zxi} & K_{zyi} & K_{zzi}\end{bmatrix} \tag{3.10}$$

式中,a 为裂隙内连通面积与总面积之比,取值为 0.33;ρ 为液体密度;μ 为液体动力黏滞系数,取 8.39×10^{-4};C 为裂隙内粗糙度修正系数,$C=1+8.8(e'/2)^{3/2}$,e' 为裂隙不平整度;g 为重力加速度。

$$K_{xxi}=1-\sin^2\alpha_i\cos^2\beta_i$$
$$K_{xyi}=K_{yxi}=-\sin^2\alpha_i\cos\beta_i\sin\beta_i$$
$$K_{zxi}=K_{xzi}=-\sin\alpha_i\cos\alpha_i\cos\beta_i$$
$$K_{yyi}=1-\sin^2\alpha_i\sin^2\beta_i$$
$$K_{zyi}=K_{yzi}=-\sin\alpha_i\cos\alpha_i\sin\beta_i$$
$$K_{zzi}=\sin^2\alpha_i$$

3. 该工程岩体渗透张量

根据该地下水封石洞油库岩土工程勘察报告,根据区内相似、区间相异原则,可将洞库围岩划分为五个区。Ⅰ区结构面主要走向为 NW345°;Ⅱ区为过渡区,近

南北方向结构面较多,并出现优势方向 NE45°,受 F3 和 F8 断层影响,该区亦出现较多 NW300°结构面;Ⅲ 区主要为近南北方向和 NE45°结构面;Ⅳ 区主要为 NE45°~60°结构面;而 V 区主要为 NW330°~345°结构面。总体趋势为自西北逆时针旋转,结构面存在自 NW 逐渐向 NE 变化趋势。

根据上述勘察结果,并结合相关文献资料,确定该工程岩体渗透张量各参数如表 3.5 所示。

根据式(3.10)和表 3.5,计算得到该工程区五个区域的渗透张量和张量主值及方向余弦如下[89,90]:

1) Ⅰ 区渗透系数张量

$$\bar{\bar{k}}_{\mathrm{I}} = \begin{bmatrix} 2.658 & -0.378 & -0.074 \\ -0.378 & 0.465 & -0.341 \\ -0.074 & -0.341 & 2.321 \end{bmatrix} \times 10^{-4}\mathrm{m/d}$$

在主空间内,渗透张量主值可表示为

$$\begin{bmatrix} 2.722 & & \\ & 2.382 & \\ & & 0.340 \end{bmatrix} \times 10^{-4}\mathrm{m/d}$$

各渗透张量主值的方向余弦为

$$K_1 = 2.722 \times 10^{-4} \rightarrow \begin{Bmatrix} 0.986 \\ -0.158 \\ -0.047 \end{Bmatrix}$$

$$K_2 = 2.382 \times 10^{-4} \rightarrow \begin{Bmatrix} 0.018 \\ -0.178 \\ 0.984 \end{Bmatrix}$$

$$K_3 = 0.340 \times 10^{-4} \rightarrow \begin{Bmatrix} -0.164 \\ -0.971 \\ -0.173 \end{Bmatrix}$$

各向同性等效渗透系数为

$$K = \sqrt[3]{K_1 K_2 K_3} = 1.55 \times 10^{-4}\mathrm{m/d}$$

2) Ⅱ 区渗透系数张量

$$\bar{\bar{k}}_{\mathrm{II}} = \begin{bmatrix} 4.803 & -0.896 & -0.139 \\ -0.896 & 2.168 & -0.296 \\ -0.139 & -0.296 & 3.191 \end{bmatrix} \times 10^{-4}\mathrm{m/d}$$

在主空间内,渗透张量主值可表示为

表 3.5　参数取值表

区号	组别	走向 /(°)	倾向 β /(°)	倾角 α /(°)	cosβ	cosα	sinβ	sinα	裂隙宽度 b /mm	裂隙不平整度 e' /cm	粗糙度修正系数 C	裂隙间距 s_i /m
I	组一	NW345	75	80	0.26	0.17	0.97	0.98	0.80	0.06	1.06	0.70
	组二	NE60	150	85	−0.87	0.09	0.50	1.00	0.50	0.06	1.13	0.91
	组三	N0	90	82	0.00	0.14	1.00	0.99	0.60	0.06	1.10	1.60
II	组一	NE45	135	74	−0.71	0.28	0.71	0.96	0.70	0.08	1.12	0.64
	组二	NW300	30	70	0.87	0.34	0.50	0.94	0.90	0.08	1.08	1.31
	组三	NWW350	80	73	0.17	0.29	0.98	0.96	1.00	0.08	1.07	1.25
III	组一	NE45	135	74	−0.71	0.28	0.71	0.96	0.60	0.05	1.07	0.65
	组二	NWW350	80	73	0.17	0.29	0.98	0.96	0.50	0.05	1.10	1.41
IV	组一	NE30	120	56	−0.50	0.56	0.87	0.83	0.90	0.10	1.12	1.32
	组二	NE60	150	85	−0.87	0.09	0.50	1.00	0.80	0.10	1.14	1.25
	组三	NW345	75	80	0.26	0.17	0.97	0.98	0.70	0.10	1.17	1.26
V	组一	NW330	60	70	0.50	0.34	0.87	0.94	0.50	0.12	1.37	1.35
	组二	NW345	75	80	0.26	0.17	0.97	0.98	0.90	0.12	1.15	1.06
	组三	NE60	150	85	−0.87	0.09	0.50	1.00	1.00	0.12	1.13	0.84

$$\begin{bmatrix} 5.080 & & \\ & 3.266 & \\ & & 1.816 \end{bmatrix} \times 10^{-4} \mathrm{m/d}$$

各渗透张量主值的方向余弦为

$$K_1 = 5.080 \times 10^{-4} \rightarrow \begin{Bmatrix} -0.956 \\ 0.297 \\ 0.024 \end{Bmatrix}$$

$$K_2 = 3.266 \times 10^{-4} \rightarrow \begin{Bmatrix} -0.044 \\ -0.226 \\ 0.973 \end{Bmatrix}$$

$$K_3 = 1.816 \times 10^{-4} \rightarrow \begin{Bmatrix} 0.289 \\ 0.929 \\ 0.229 \end{Bmatrix}$$

各向同性等效渗透系数为

$$K = \sqrt[3]{K_1 K_2 K_3} = 3.109 \times 10^{-4} \mathrm{m/d}$$

3) Ⅲ区渗透系数张量

$$\overline{\overline{k}}_{\mathrm{III}} = \begin{bmatrix} 1.085 & -0.184 & 0.113 \\ -0.184 & 0.512 & 0.395 \\ 0.113 & 0.395 & 0.680 \end{bmatrix} \times 10^{-4} \mathrm{m/d}$$

在主空间内,渗透张量主值可表示为

$$\begin{bmatrix} 1.138 & & \\ & 0.995 & \\ & & 0.144 \end{bmatrix} \times 10^{-4} \mathrm{m/d}$$

各渗透张量主值的方向余弦为

$$K_1 = 1.138 \times 10^{-4} \rightarrow \begin{Bmatrix} -0.957 \\ 0.289 \\ 0.013 \end{Bmatrix}$$

$$K_2 = 0.995 \times 10^{-4} \rightarrow \begin{Bmatrix} 0.186 \\ 0.579 \\ 0.794 \end{Bmatrix}$$

$$K_3 = 0.144 \times 10^{-4} \rightarrow \begin{Bmatrix} 0.222 \\ 0.762 \\ -0.608 \end{Bmatrix}$$

各向同性等效渗透系数为

$$K = \sqrt[3]{K_1 K_2 K_3} = 0.546 \times 10^{-4} \mathrm{m/d}$$

4) Ⅳ区渗透系数张量

$$\overline{\overline{k}}_{\mathrm{IV}} = \begin{bmatrix} 2.818 & -0.634 & 0.360 \\ -0.634 & 1.556 & 0.805 \\ 0.360 & 0.805 & 1.982 \end{bmatrix} \times 10^{-4}\,\mathrm{m/d}$$

在主空间内,渗透张量主值可表示为

$$\begin{bmatrix} 3.082 & & \\ & 2.583 & \\ & & 0.691 \end{bmatrix} \times 10^{-4}\,\mathrm{m/d}$$

各渗透张量主值的方向余弦为

$$K_1 = 3.082 \times 10^{-4} \rightarrow \begin{Bmatrix} -0.929 \\ 0.368 \\ -0.035 \end{Bmatrix}$$

$$K_2 = 2.583 \times 10^{-4} \rightarrow \begin{Bmatrix} 0.180 \\ 0.535 \\ 0.825 \end{Bmatrix}$$

$$K_3 = 0.691 \times 10^{-4} \rightarrow \begin{Bmatrix} 0.322 \\ 0.761 \\ -0.564 \end{Bmatrix}$$

各向同性等效渗透系数为

$$K = \sqrt[3]{K_1 K_2 K_3} = 1.765 \times 10^{-4}\,\mathrm{m/d}$$

5) Ⅴ区渗透系数张量

$$\overline{\overline{k}}_{\mathrm{V}} = \begin{bmatrix} 4.948 & -0.393 & 0.011 \\ -0.393 & 2.547 & 0.818 \\ 0.011 & 0.818 & 2.545 \end{bmatrix} \times 10^{-4}\,\mathrm{m/d}$$

在主空间内,渗透张量主值可表示为

$$\begin{bmatrix} 5.017 & & \\ & 3.320 & \\ & & 1.703 \end{bmatrix} \times 10^{-4}\,\mathrm{m/d}$$

各渗透张量主值的方向余弦为

$$K_1 = 5.017 \times 10^{-4} \rightarrow \begin{Bmatrix} -0.983 \\ 0.174 \\ 0.053 \end{Bmatrix}$$

$$K_2 = 3.320 \times 10^{-4} \rightarrow \begin{Bmatrix} 0.159 \\ 0.678 \\ 0.718 \end{Bmatrix}$$

$$K_3 = 1.703 \times 10^{-4} \rightarrow \left\{ \begin{array}{c} 0.089 \\ 0.714 \\ -0.695 \end{array} \right\}$$

各向同性等效渗透系数为

$$K = \sqrt[3]{K_1 K_2 K_3} = 3.050 \times 10^{-4} \, \text{m/d}$$

为了形象表示渗透张量的各向异性,图 3.24~图 3.28 绘出了主空间内渗透张量椭球体,椭球体主轴长短表示渗透主值大小。椭球体形状越接近球体,说明岩体渗透性越接近各向同性,反之,则说明岩体渗透性各向异性特征越显著。

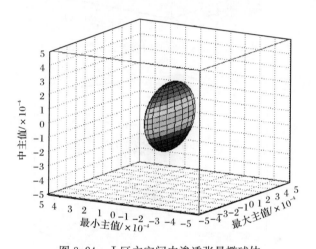

图 3.24 Ⅰ区主空间内渗透张量椭球体

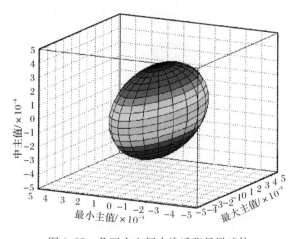

图 3.25 Ⅱ区主空间内渗透张量椭球体

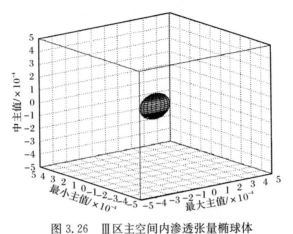

图 3.26　Ⅲ区主空间内渗透张量椭球体

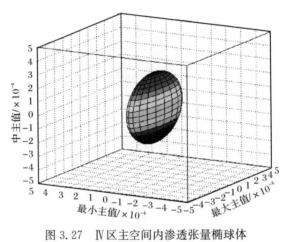

图 3.27　Ⅳ区主空间内渗透张量椭球体

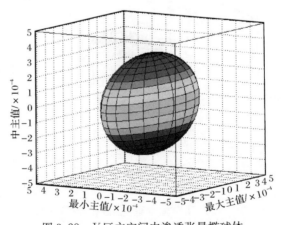

图 3.28　Ⅴ区主空间内渗透张量椭球体

3.4　本章小结

裂隙岩体性质试验是获得岩体渗流力学和流固耦合性质的重要手段,也是进行地下水封石洞油库水封性评价的重要内容。本章采用结构面剪切-渗流耦合试验、岩体水文性质现场试验和地质调查相结合的方法,获得了依托工程岩体性质。本章研究结论总结如下:

(1) 剪切-渗流耦合试验显示,结构面渗透性变化过程可分为两个阶段:在第 I 阶段,剪切位移小于 10mm 时,剪切位移引起结构面剪胀,随剪切位移增加结构面水力开度值迅速增加;在第 II 阶段,剪切位移大于 10mm 后,随剪切位移继续增加,结构面剪胀变小,结构面水力开度变化变缓,几乎不再发生变化,达到残余水力开度值。

(2) 依托工程范围内,地下水位与地质条件和施工过程联系紧密;依托工程地下水渗水量分布不均匀,渗水量控制标准应根据渗水量分布特征制定。

(3) 现场试验测得的渗透系数具有一定离散性,而根据地质调查所获得的节理裂隙几何特征可以计算岩体渗透系数张量,两者相结合有助于获得可靠参数。

第4章 地下水动力学法

在地下水封石洞油库建设中,地下水渗流场的变化关系到水封效果。因此,进行地下水渗流场的时空演化研究,对于保证洞库水封性具有重要意义。

本章主要采用地下水动力学理论,进行地下水封石洞油库工程渗流场时空演化特征研究。借助模块化三维有限差分地下水流动模型(modular three-dimensional finite-difference ground-water flow model,MODFLOW)分析软件,结合现场试验数据分析,采用裂隙岩体渗透张量,建立了三维地下水数值模拟模型,预测了不同施工进程时地下水位的变化,获得了水封性变化特征。

4.1 基 本 原 理

地下水动力学是研究地下水在地层中运动规律的科学。针对不同类型的地下水运动情况,通过建立不同偏微分方程来描述,在确定方程中有关参数的值和渗流区范围、形状以后,再确定方程的定解条件。所谓定解条件包括边界条件和初始条件,是实际问题的特定条件。因此所求某个渗流问题的解,必然是这样的函数:一方面要适合描述该渗流区地下水运动规律的偏微分方程(或方程组),另一方面又要满足该渗流区的边界条件和初始条件。下面根据依托工程的水文地质特征,详细介绍地下水动力学中潜水运动的基本原理[5]。

4.1.1 控制微分方程

通常情况下潜水面不是水平的,如潜水含水层中存在着流速的垂直分量。潜水面本身又是渗流区的边界,随时间而变化,它的位置在有关渗流问题解出来以前是未知的,为了较方便地解决这类问题就引出了 Dupuit 假设。1863 年 Dupuit 根据潜水面的坡度 θ 对大多数地下水流而言是很小的这样一个事实,提出如下假设[91]:对比较平缓的潜水面,等水头线是铅直的,水流基本上水平,忽略渗透速度的垂直分量 v_z,水头 $H=H(x,y,z,t)$ 可以近似地用 $H=H(x,y,t)$ 来代替。此时在铅直剖面上各点的水头就变成相等的了,同一剖面上各点的水力坡度和渗透速度都是相等的。此时 x、y 方向的渗透速度可以表示为[5]

$$v_x = -K \frac{\mathrm{d}H}{\mathrm{d}x}, \quad v_y = -K \frac{\mathrm{d}H}{\mathrm{d}y}, \quad H=H(x,y) \quad (4.1)$$

相应地,通过宽度为 B 的铅直平面的流量为

$$Q_x = -KhB\frac{\mathrm{d}H}{\mathrm{d}x}, \quad Q_y = -KhB\frac{\mathrm{d}H}{\mathrm{d}y} \tag{4.2}$$

式中,Q_x、Q_y 分别为 x 方向和 y 方向的流量;h 为潜水含水层的厚度。

Dupuit 假设在坡度 θ 不大的情况下是合理的,这在解决实际渗流问题时很有用。它减少了一个自变量 z,从而简化了计算。根据 Dupuit 假设就可以建立有关潜水含水层中地下水流的方程。

1. 潜水一维流方程

在渗流场内取出一块土体,如图 4.1 所示,它的上界面是潜水面,下界面是隔水底板,左右为两个相距 Δx 的铅直断面,引起土体内水量变化的因素除了从上游断面流入的流量 $q - \dfrac{\partial q}{\partial x}\dfrac{\Delta x}{2}$ 和下游断面流出的流量 $q + \dfrac{\partial q}{\partial x}\dfrac{\Delta x}{2}$ 外,还有由大气降水入渗补给或潜水蒸发构成的垂直方向的水量交换。设单位时间、单位面积上垂直方向补给含水层的水量为 W。

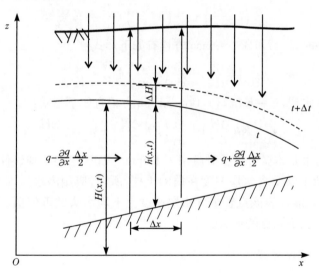

图 4.1　潜水层中地下水流运动

在 Δt 时间内,上、下游流入、流出单元体的水量差为

$$\left(q - \frac{\partial q}{\partial x}\frac{\Delta x}{2}\right)\Delta t - \left(q + \frac{\partial q}{\partial x}\frac{\Delta x}{2}\right)\Delta t = -\frac{\partial q}{\partial x}\Delta x\Delta t = -\frac{\partial(v_x h)}{\partial x}\Delta x\Delta t \tag{4.3}$$

在该段时间内,垂直方向的补给量为 $W\Delta x\Delta t$,故 Δt 时段内水量总的变化量为 $\left[-\dfrac{\partial(v_x h)}{\partial x} + W\right]\Delta x\Delta t$。由于水量的变化引起潜水面的升降,设其变化的速率为

$\dfrac{\partial H}{\partial t}$,则在 Δt 时段,由于潜水面的变化而引起的土体内的水体积的增量为 $\mu\dfrac{\partial H}{\partial t}\Delta x\Delta t$,根据质量守恒导出的水流连续性原理,这两个增量是相等的,即

$$\left[-\frac{\partial(v_x h)}{\partial x}+W\right]\Delta x\Delta t=\mu\frac{\partial H}{\partial t}\Delta x\Delta t \tag{4.4}$$

将式(4.1)代入式(4.4),可以得到有入渗补给潜水含水层中地下水非稳定运动的一维流方程,又称为 Boussinesq 方程,即

$$\frac{\partial}{\partial x}\left(h\frac{\partial H}{\partial x}\right)+\frac{W}{K}=\frac{\mu}{K}\frac{\partial H}{\partial t} \tag{4.5}$$

式中,K、μ 为潜水含水层的渗透系数、给水度;W 为含水层单位时间、单位面积上的垂直补排量,补给为正,排泄为负。

2. 潜水二维流方程

在二维运动情况下,可以用类似的方法导出相应的 Boussinesq 方程:

$$\frac{\partial}{\partial x}\left(h\frac{\partial H}{\partial x}\right)+\frac{\partial}{\partial y}\left(h\frac{\partial H}{\partial y}\right)+\frac{W}{K}=\frac{\mu}{K}\frac{\partial H}{\partial t} \tag{4.6}$$

当隔水层水平时,$h=H$,Boussinesq 方程有如下形式:

$$\frac{\partial}{\partial x}\left(h\frac{\partial h}{\partial x}\right)+\frac{\partial}{\partial y}\left(h\frac{\partial h}{\partial y}\right)+\frac{W}{K}=\frac{\mu}{K}\frac{\partial h}{\partial t} \tag{4.7}$$

对于非均质含水层,$K=K(x,y)$,Boussinesq 方程有如下形式:

$$\frac{\partial}{\partial x}\left(Kh\frac{\partial H}{\partial x}\right)+\frac{\partial}{\partial y}\left(Kh\frac{\partial H}{\partial y}\right)+W=\mu\frac{\partial H}{\partial t} \tag{4.8}$$

在推导潜水基本微分方程时应用了 Dupuit 假设,忽略了弹性储存,所选单元体是一个包括了整个含水层厚度在内的土柱,所以,应用潜水运动基本方程得到的 $H(x,y,t)$ 只能代表该点整个含水层厚度上平均水头的近似值,不能用来计算同一垂直剖面上不同点的水头变化。

3. 潜水三维流方程

若不用 Dupuit 假设,Boussinesq 方程的一般形式为

$$\frac{\partial}{\partial x}\left(K\frac{\partial H}{\partial x}\right)+\frac{\partial}{\partial y}\left(K\frac{\partial H}{\partial y}\right)+\frac{\partial}{\partial z}\left(K\frac{\partial H}{\partial z}\right)=\mu_s\frac{\partial H}{\partial t} \tag{4.9}$$

式中,μ_s 为贮水率。

对各向异性介质如把坐标轴取的与各向异性的主方向一致,则有

$$\frac{\partial}{\partial x}\left(K_{xx}\frac{\partial H}{\partial x}\right)+\frac{\partial}{\partial y}\left(K_{yy}\frac{\partial H}{\partial y}\right)+\frac{\partial}{\partial z}\left(K_{zz}\frac{\partial H}{\partial z}\right)=\mu_s\frac{\partial H}{\partial t} \tag{4.10}$$

假设固体骨架是不可压缩的,$\mu_s=0$,同时假设忽略水的压缩性,即 $\rho=$ 常数,则有

$$\frac{\partial}{\partial x}\Big(K\frac{\partial H}{\partial x}\Big)+\frac{\partial}{\partial y}\Big(K\frac{\partial H}{\partial y}\Big)+\frac{\partial}{\partial z}\Big(K\frac{\partial H}{\partial z}\Big)=0 \qquad (4.11)$$

或

$$\frac{\partial}{\partial x}\Big(K_{xx}\frac{\partial H}{\partial x}\Big)+\frac{\partial}{\partial y}\Big(K_{yy}\frac{\partial H}{\partial y}\Big)+\frac{\partial}{\partial z}\Big(K_{zz}\frac{\partial H}{\partial z}\Big)=0 \qquad (4.12)$$

4.1.2　定解条件

以 D 表示所考虑的渗流区,在三维空间中它是光滑或分片光滑的曲面 S 所围成的一个立体;在二维空间中,它是由光滑或分段光滑的曲线 Γ 所围成的一个平面。下面分别介绍地下水流问题中定解条件的类型[5]。

1. 边界条件

1) 第一类边界条件(Dirichlet 条件)

如果在某一边界(设为 S_1 或 Γ_1)上各点在每一时刻的水头都是已知的,这部分边界就称为第一类边界或给定水头边界,表示为

$$H(x,y,z,t)\big|_{S_1}=\varphi_1(x,y,z,t),(x,y,z)\in S_1 \qquad (4.13)$$

或

$$H(x,y,t)\big|_{\Gamma_1}=\varphi_2(x,y,t),(x,y)\in \Gamma_1 \qquad (4.14)$$

式中,$H(x,y,z,t)$ 和 $H(x,y,t)$ 分别为在三维和二维条件下边界段 S_1 或 Γ_1 上点 (x,y,z) 和 (x,y) 在 t 时刻的水头;$\varphi_1(x,y,z,t)$ 和 $\varphi_2(x,y,t)$ 分别为 S_1 或 Γ_1 上的已知函数。所谓定水头边界意味着函数 φ_1 和 φ_2 不随时间而变化,是常数。

2) 第二类边界条件(Neumann 条件)

若知道某一部分边界(设为 S_2 或 Γ_2)单位面积(二维空间为单位宽度)上流入(流出时用负值)的流量 q 时,称为第二类边界或给定流量边界。相应的边界条件表示为

$$K\frac{\partial H}{\partial n}\bigg|_{S_2}=q_1(x,y,z,t),(x,y,z)\in S_2 \qquad (4.15)$$

或

$$T\frac{\partial H}{\partial n}\bigg|_{\Gamma_2}=q_2(x,y,t),(x,y)\in \Gamma_2 \qquad (4.16)$$

式中,n 为边界 S_2 或 Γ_2 的外法线方向;q_1 和 q_2 则为已知函数,分别表示 S_2 上单位面积和 Γ_2 上单位宽度的侧向补给量;T 表示导水系数。

最常见的这类边界就是隔水边界,此时侧向补给量 $q=0$。在介质各向同性的条件下,式(4.15)和式(4.16)都可以简化为

$$\frac{\partial H}{\partial n}=0 \qquad (4.17)$$

3) 第三类边界条件(混合边界条件)

若某段边界 S_3 或 Γ_3 上 H 和 $\dfrac{\partial H}{\partial n}$ 是线性组合,即

$$\frac{\partial H}{\partial n}+\alpha H=\beta \tag{4.18}$$

式中,α、β 为上述边界的已知函数,这种类型的边界条件称为第三类边界条件或混合边界条件。

2. 初始条件

所谓初始条件就是给定某一个选定时刻(通常表示为 $t=0$)渗流区内各点的水头值,即

$$H(x,y,z,t)\big|_{t=0}=H_0(x,y,z),(x,y,z)\in D \tag{4.19}$$

或

$$H(x,y,t)\big|_{t=0}=H_0'(x,y),(x,y)\in D \tag{4.20}$$

式中,H_0、H_0' 为 D 上的已知函数。

4.1.3　求解方法

1. 解析法

解析法是用参数分析及积分变换等方法直接求解数学模型解的方法。其解为精确解,使用简单,但该方法存在一定的局限性,只适用于含水层几何形状规则、方程式简单、边界条件单一的情况。

2. 数值法

数值法是用数值方法求解数学模型的方法,其解为近似解。该方法是求解大型地下水流问题的主要方法。它把整个渗流区分割成若干个形状规则的小单元,每个小单元近似处理成均质的,然后建立每个单元地下水流动的关系式。把形状不规则的、非均质的问题转化为形状规则的均质问题。根据研究需要,确定单元划分数量,对于非稳定流还要对时段进行划分。最后把局部整合起来,加上定解条件。

3. 物理模拟法

对于实际的,较为复杂的地下水动力学问题,可采用物理模拟法研究。物理模拟法是指用相似模型再现地下水流动动态和过程的试验方法,不仅能够模拟解析法难以求解的复杂问题,而且检验和观察流动过程中可能出现的一些物理现象。

4.2　评　价　方　法

4.2.1　MODFLOW 简介

1. 地下水流动模型

地下水流动模型是建立在软件模拟基础上的，使用数学方法来表述自然水文地质系统的基本特征，应用时需要建立概念模型和数学模型。概念模型是我们对某一区域水文地质特征的模拟或描述，数学模型是一系列方程式，受限于一定的假定条件量化模拟含水层内蓄水的实际过程。地下水模型提供一个科学的方法将相关的数据纳入地下水系统的数字化特征中，预测地下水的动态变化。由美国地质调查局开发出来的 MODFLOW 软件便是用来模拟三维地下水流动模型的。自软件问世以来，许多学者在科研、环保、水资源规划等方面进行了广泛的应用[92~97]。MODFLOW 采用三维有限差分法进行模拟，其基本原理是：在不考虑水的密度变化条件下，假定渗透系数的主轴方向与坐标轴方向一致，则孔隙介质中地下水在三维空间的流动可以用偏微分方程式(4.10)来表示。式(4.10)加上相应的初始条件和边界条件，构成了一个描述 MODFLOW 三维地下水流动体系的数学模型[98]。

2. 三维数学模型的离散化

式(4.10)中的解析解除了某些简单的情况外很难求得，大多数情况下只能用数值近似解代替，其中有限差分法是 MODFLOW 对三维数学模型求解的基本方法。求解过程中，连续的空间和时间被划分成为一系列离散点，这些点上连续的偏导数由水头差分取代，将所求的未知点联合起来，这些有限差分式构成一个线性方程组并联立求解，获得的水头值为各个离散点上的近似解。

在空间的离散上，MODFLOW 对含水层采用三个轴向上不等距正交的长方体剖分网格，这种网格的优点在于用户易于准备数据文件，便于文件的规范化输入。在时间的离散上，MODFLOW 模拟系统引入了应力期的概念，可以把整个模拟期划分为外应力(如抽水量、蒸发量、补给量等)保持不变的若干个应力期，每个应力期可再细划分为若干个时间段。比如以季度长度为应力期，以天的倍数为时间段。在同一个应力期中，各时间段既可以等步长，也可以几何序列逐渐增长；通过对有限差分方程组的求解，可得到每个时间段末时刻的水头值。

3. 差分方程的求解方法

差分方程求解的方法可以分为直接求解方法和迭代求解方法。MODFLOW

原来含有两种迭代求解子程序包:SIP 方法(或称为强隐式法)、SOR 方法(或称为逐次超松弛迭代法)。由于 MODFLOW 的模块化结构,相关设计人员设计增加了一种新的迭代子程序包,即 PCG 子程序包,该子程序包采用 PCG 方法(或称为预调共轭梯度法)迭代求解。

对于 MODFLOW 的多个求解子程序包,一方面,用户可以根据问题的实际情况选用比较合适的求解方法;另一方面,对于某一特定的实际问题,由于水文地质条件的复杂性,用户选择不同的求解子程序包可能都会收敛,也可能只收敛于一种(或几种)求解方法而不收敛于另一种(或几种)求解方法。通过我国国内多项实践应用,PCG 法和 SIP 法实用可靠,而运用 SOR 子程序包求解的结果精度低,不宜采用。

4.2.2　洞库围岩渗透系数的获取

根据 3.3 节可以得知:在把洞库围岩看成等效各向同性岩体的情况下,综合试验结果和分析,其渗透系数约为 1.0×10^{-4} m/d。在把洞库围岩看成等效各向异性的情况下,各洞库分区渗透张量主值如表 4.1 所示。

表 4.1　各向异性渗透系数计算值

区域	渗透系数/(m/d)		
	K_{xx}	K_{yy}	K_{zz}
I	2.7×10^{-4}	2.4×10^{-4}	0.3×10^{-4}
II	5×10^{-4}	3.3×10^{-4}	1.8×10^{-4}
III	1.1×10^{-4}	1.0×10^{-4}	0.1×10^{-4}
IV	3×10^{-4}	2.6×10^{-4}	0.7×10^{-4}
V	5×10^{-4}	3.3×10^{-4}	1.7×10^{-4}

4.2.3　水文地质概念模型的建立

为建立研究区的地下水流数值模型,首先要对实际水文地质条件加以概化,建立水文地质概念模型。根据该地下水封石洞油库实际水文地质条件,充分考虑地下水系统的完整性和独立性,因此将研究范围确定为 2000m×2500m×450m,如图 4.2 所示。根据研究区域地层分布及地下水系统特征,在垂直方向上将地层结构概化为两层:含水层 360m,不透水层 90m。

将模型区剖分为 50m×50m×3m 的有限差分网格,单元均为矩形单元。在断层及巷道处细化网格。根据水文地质资料,模型北边界为不透水边界,东、西、南边界局部为定水头边界。地表接受降雨入渗。根据 4.2.2 节中的渗透系数,采用渗透系数各向同性和各向异性两种模型进行计算。图 4.3 为各向同性模型三维立体图,图 4.4 为各向异性模型三维立体图。

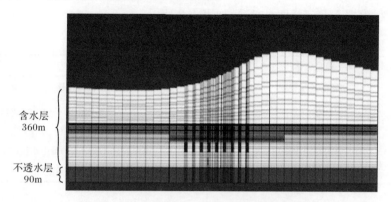

含水层
360m

不透水层
90m

图 4.2　研究区域水文地质概念模型剖面图

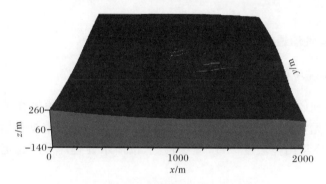

图 4.3　各向同性模型三维立体图

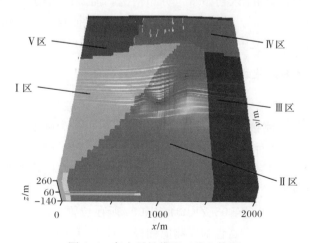

图 4.4　各向异性模型三维立体图

　　本研究借助 Visual MODFLOW 开展洞库工程渗流场演化规律的研究。根据工程需要,模拟方案包括四个部分,如表 4.2 所示。

表 4.2　数值模拟方案

模拟方案	研究内容
初始渗流场模拟	模型校核
施工巷道和水幕巷道开挖过程中渗流场模拟	模拟开挖过程中渗流场的变化,并与监测数据进行对比分析
主洞室分步开挖渗流场模拟	预测洞室开挖引起的地下水位改变
洞库运营期模拟	评价水幕系统

4.3　库区渗流场演化特征分析

4.3.1　各向同性渗透模型的检验与校正

1. 初始渗流场模拟

　　根据库区初始水文地质资料,建立三维水文地质模型,模拟在未开挖洞室的条件下库区初始渗流场,采用各向同性模型进行模型校核。根据初始水文地质条件,地下水走势与山体坡度一致,埋深较浅,按潜水处理。采用稳定流进行数值模拟。

　　图 4.5 为工程勘察获得的洞库工程区初始水位分布情况。图 4.6 为采用上述分析方法和参数计算的库区初始水位分布情况。需要说明的是,图 4.5 与图 4.6 中正北方向夹角约为 45°。计算所得初始水位分布特征较好地反映了工程勘察结果,这说明本研究所建立的区域水文地质概念模型较好地反映了工程实际情况。

　　2. 施工巷道和水幕巷道开挖过程中渗流场的变化

　　在初始水位模拟结果符合实际情况后,模拟施工巷道和水幕巷道开挖后,渗流场的变化,并与实测钻孔水位进行对比分析。图 4.7 为施工巷道及水幕巷道开挖后巷道等水位线平面图。施工巷道和水幕巷道的开挖导致库区水位下降,在洞库区域形成了较为明显的水位下降漏斗。图中巷道所在位置的水头高程相对较小,而离巷道越远的位置水头高程越大,在图 4.7 中显示了施工巷道和水幕巷道开挖后,水文孔 ZK001、ZK003、ZK004、ZK009 所在位置及其水位情况。表 4.3 为巷道开挖完后水文孔水头高程的实测值和模拟计算值的对比表,虽然表中计算值和实测值之间存在一定的误差,但计算结果整体上反映了水文观测结果。

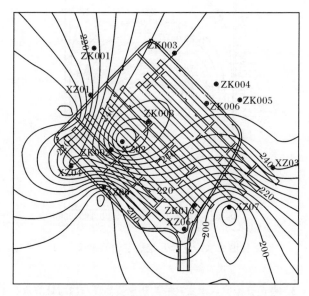

图 4.5　实测初始水位分布图(单位:m)

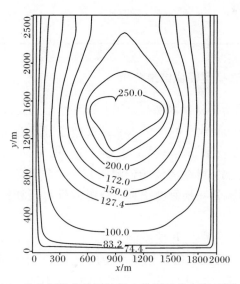

图 4.6　各向同性条件下初始水位模拟分布图(单位:m)

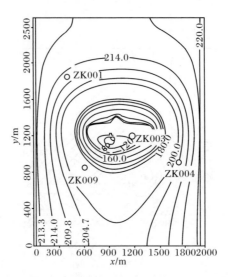

图 4.7　施工巷道及水幕巷道开挖后巷道等水位分布图(单位:m)

表 4.3　巷道开挖完后水文孔的实测水头高程与模拟计算水头高程

钻孔编号	实测水位/m	模拟计算水位/m
ZK001	213.5	210
ZK003	85.43	90
ZK004	220.24	190
ZK009	123.47	120

4.3.2　各向同性渗透模型模拟结果分析

综合预测与观测所得初始水位与施工巷道和水幕巷道开挖后水位对比情况,可以得出结论:本研究所建立的区域水文地质概念较好地反映了工程实际情况,所选边界条件、水力学参数与实际情况较为吻合。据此,本节将应用上述模型、边界条件和参数进行主洞室开挖渗流场预测研究。考虑到实际情况,研究中假设主洞室按高度由高而低,分三层独立开挖,分别分析每层开挖后工程区水位变化情况。

图 4.8~图 4.10 分别为开挖主洞室第一、二、三层后库区水位分布图。与图 4.7 相比,主洞室的开挖引起了地下水位的进一步下降,且随着开挖规模的增大,水位下降幅度增加。表 4.4 为水位孔 ZK001、ZK003、ZK004、ZK008、ZK009 在开挖主洞室第一层、第二层、第三层后的水位值,随着主洞室的开挖,各孔的水位高程逐渐变小,开挖完主洞室后 ZK001、ZK003、ZK004、ZK008、ZK009 孔的水

位分别下降了 50m、62m、47m、98m、21m。

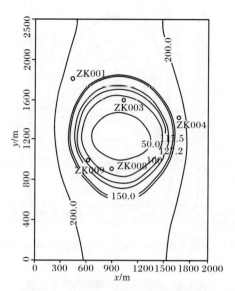

图 4.8　开挖主洞室第一层后库区水位分布图(单位:m)

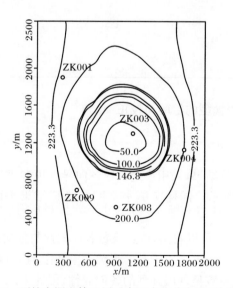

图 4.9　开挖主洞室第二层后库区水位分布图(单位:m)

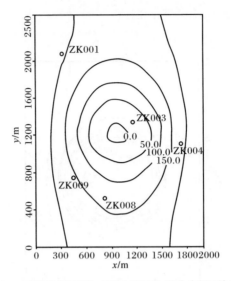

图 4.10　开挖主洞室第三层后库区水位分布图（单位：m）

表 4.4　分步开挖主洞室后的水位值

钻孔编号	初始水位/m	第一层水位/m	第二层水位/m	第三层水位/m
ZK001	230	200	190	180
ZK003	222	80	70	60
ZK004	222	185	183	175
ZK008	160	80	70	62
ZK009	126	115	113	105

4.3.3　各向异性渗透模型的检验与校正

1. 初始渗流场模拟

根据渗透张量计算结果，采用渗透系数各向异性模型进行模拟。初始渗流场模拟结果如图 4.11 所示。同样实测水文图与模拟结果平面图轴线方向有 45°夹角。

由图 4.6 和图 4.11 可以看出，渗透系数各向同性与各向异性这两种不同条件对初始水位的分布影响较大。由于基岩裂隙在空间上的分布具有明显的方向性，导致裂隙介质的渗透系数呈现出强烈的各向异性，因此采用各向异性裂隙岩体渗透系数计算结果较为合理，其初始渗流场分布与图 4.5 所示实测初始水位分布图比较吻合。下面将按施工进度按各向异性进行模拟分析。

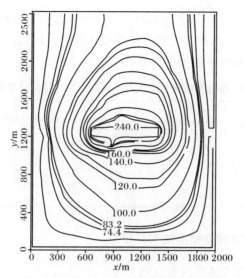

图 4.11　各向异性条件下初始水位模拟分布图(单位:m)

2. 施工巷道和水幕巷道开挖过程中渗流场的变化

模拟施工巷道和水幕巷道开挖 1 年后,渗流场的变化,并与实测钻孔水位作对比。图 4.12 为开挖施工巷道和水幕巷道一年后洞库水位分布图。巷道的开挖导致库区水位下降,在洞库区域形成了较为明显的水位降落漏斗,巷道所在位置的水头高程相对较小。同时图 4.12 中也显示了施工巷道和水幕巷道开挖后,水

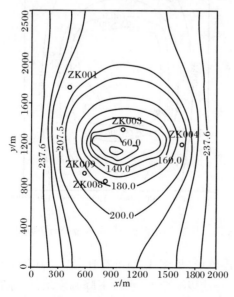

图 4.12　开挖施工巷道及水幕巷道 1 年后巷道水位分布图(单位:m)

文孔 ZK001、ZK003、ZK004、ZK008、ZK009 所在位置及其水位情况。表 4.5 为巷道开挖完后水文孔水头高程的实测值和模拟计算值的对比表,模拟结果与实测数据较吻合,更进一步验证了模型的合理性。

表 4.5　巷道开挖完后水文孔的实测水位与模拟计算水位值

钻孔编号	实测水位/m	模拟计算水位/m
ZK001	213.5	210
ZK003	85.43	90
ZK004	220.24	190
ZK008	88.3	85

4.3.4　各向异性渗透模型模拟结果分析

1. 主洞室分步开挖渗流场数值模拟

根据工程实际情况,主洞室由高到低分三层独立开挖。采用非稳定流进行模拟,分别模拟每层开挖后渗流场的变化情况,模拟时段取为 1 年。图 4.13～图 4.15 分别为开挖主洞室第一、二、三层后库区水位分布图。

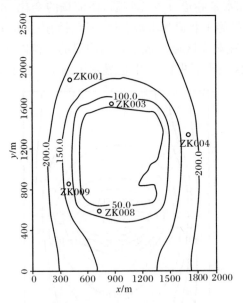

图 4.13　开挖主洞室第一层后水位分布图(单位:m)

与开挖主洞室前渗流场(见图 4.7)进行比较,主洞室的开挖引起了地下水位的进一步下降,且随着开挖规模变大,水位下降幅度增加。随着开挖时间的变化,

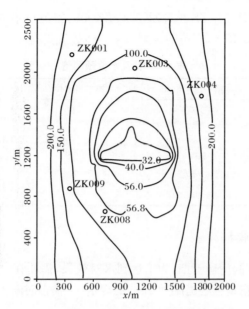

图 4.14 开挖主洞室第二层后水位分布图(单位:m)

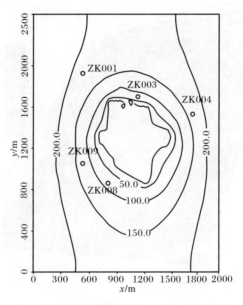

图 4.15 开挖主洞室第三层后水位分布图(单位:m)

主洞室区域地下水位由 50m 逐步降低至 0m。

表 4.6 为水位孔 ZK001、ZK003、ZK004、ZK008、ZK009 在开挖主洞室第一层、第二层、第三层的预测水位值,随着主洞室的开挖各孔的水位高程逐渐变小,

开挖完主洞室后 ZK001、ZK003、ZK004、ZK008、ZK009 孔的水位分别下降了50m、62m、47m、98m、21m,水位的预测对下一步施工具有一定的理论指导作用。

表 4.6　钻孔水位预测值

钻孔编号	第一层水位/m	第二层水位/m	第三层水位/m
ZK001	200	190	180
ZK003	80	70	60
ZK004	185	183	175
ZK008	80	70	62
ZK009	115	113	105

2. 洞库运营期模拟

根据工程设计,洞库运营期,为了达到水封效果,需要在主动室上面保持足够的水头压力。假设在水幕巷道施加 10m 的定水头,模拟时间为 50 年,其渗流场的变化如图 4.16 所示。

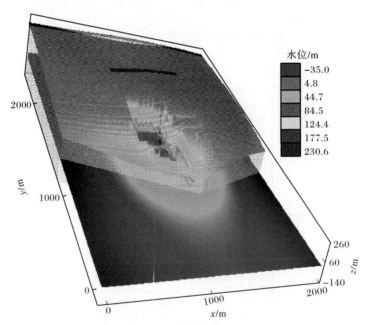

图 4.16　洞库运营期渗流场三维立体图

图 4.16 中凹陷区为洞室所在区域,由图中可以看出,50 年后该地下水封石洞油库水位水头高程保持在 35m 左右,满足水封条件的要求,可以保证该地下水封石洞油库的正常运营。以上模拟结果显示,如果不设置水幕巷道系统,不施加水

封压力,不能保证水封效果,由此验证了水封系统的必要性。

4.4 本 章 小 结

根据本章数值模拟研究可以得出如下结论:

(1)建立油库水文地质概念模型,利用观测数据进行参数反演和模型校正,所建数值模型能较好地反映工程实际情况,解决了地下油库由于空间范围广、时间跨度大所带来的难题,很好地预测了地下渗流场的变化规律,取得了理想效果。

(2)按照施工顺序模拟了在各施工阶段地下渗流场的时空演化规律。主洞室分层开挖渗流场预测中,ZK001、ZK003、ZK004、ZK008、ZK009 孔的水位分别下降了 50m、62m、47m、98m、21m,主洞室出现水位为 0m 的区域。在渗流场的预测过程中,其数据又动态地反映了水位的变化。

(3)通过对运营期水幕巷道充水之后渗流场的模拟分析,验证了水封效果及设置水封系统的必要性。

(4)在设置水幕条件下,50 年后库区水位水头高程保持在 35m 左右,满足水封条件的要求,可以保证工程的正常运营。

第5章 连续介质流固耦合分析方法

本章主要采用连续介质流固耦合理论,进行地下水封石洞油库水封性评价。在具体研究过程中,根据问题特点,采用有限单元法进行以下两个方面的分析:①自然地下水和人工水幕条件下洞库水封性评价;②施工过程对洞库水封性影响。

地下水封石洞油库可根据工程水文地质条件,选择自然水封或人工水封方式。地下水封储油技术在我国刚刚起步,还缺少成熟的设计规范,因此如何选取水封方式亟待研究。同时,由于地下水与岩体相互作用,岩体的体积变形对于地下水封石洞油库的水封性具有重要影响。但在已有水封性研究中多采用地下水动力学理论,不能反映围岩变形的评价。而采用流固耦合分析理论,考虑围岩变形条件下对洞库自然水封性进行评价的研究还不多见。

地下工程围岩性质不仅与自然因素有关,还与人为的工程因素密切相关。地下工程的施工,对围岩是一个非线性的加、卸载过程,其性质与应力路径及历史相关[99,100]。地下水封石洞油库是利用饱水岩体密封性进行石油储存的方式,其岩土力学性质与施工过程中排水条件和开挖顺序密切相关。由于地下水封石洞油库建设在我国刚刚起步,其岩土力学性质分析很难从工程经验上进行总结类比。与其他行业地下洞室相比,地下水封石洞油库具有水位高、不衬砌、洞室密度大等特点,且对安全性要求高。在此条件下,研究洞库围岩的施工过程对洞库水封性影响尤为重要。

5.1 基 本 原 理

洞室开挖后引起地应力的释放,导致径向应力的减小和切向应力的增大。当洞室开挖在水位以下进行时,地下水与洞室围岩将发生相互作用:应力状态改变引起的围岩体积变化导致孔隙水压力的变化,而孔隙水压力的变化反过来又将影响围岩的应力状态。孔隙水压力与围岩应力状态的相互作用可通过有效应力原理得到反映[101]。研究中采用了非饱和孔隙介质渗流-应力耦合理论。根据该理论,当孔隙介质中孔隙水压力变为负值时,介质变为非饱和状态,渗透系数随之减小。下面将介绍流固耦合基本原理[102]。

1. 平衡方程

连续介质中单元体 $\mathrm{d}x\mathrm{d}y\mathrm{d}z$ 受力应满足以下平衡方程:

$$
\begin{cases}
\dfrac{\partial \sigma_x}{\partial x} + \dfrac{\partial \tau_{yx}}{\partial y} + \dfrac{\partial \tau_{zx}}{\partial z} = 0 \\[2mm]
\dfrac{\partial \tau_{xy}}{\partial x} + \dfrac{\partial \sigma_y}{\partial y} + \dfrac{\partial \tau_{zy}}{\partial z} = 0 \\[2mm]
\dfrac{\partial \tau_{xz}}{\partial x} + \dfrac{\partial \tau_{yz}}{\partial y} + \dfrac{\partial \sigma_z}{\partial z} + \gamma_{\mathrm{sat}} = 0
\end{cases}
\tag{5.1}
$$

式中,σ_x、σ_y、σ_z 为单元体 x、y、z 方向上的总应力;τ_{xy}、τ_{xz}、τ_{yz}、τ_{yx}、τ_{zy}、τ_{zx} 为单元体上的切应力,其中 $\tau_{xy} = \tau_{yx}$、$\tau_{xz} = \tau_{zx}$、$\tau_{yz} = \tau_{zy}$;γ_{sat} 为饱和重度。

以有效应力表示平衡条件,根据有效应力原理,有

$$
\sigma' = \sigma - p_{\mathrm{w}}
\tag{5.2}
$$

式中,p_{w} 为该点的水压力。

$$
p_{\mathrm{w}} = (z_0 - z)\gamma_{\mathrm{w}} + u
$$

式中,u 为超静水压力;$(z_0 - z)\gamma_{\mathrm{w}}$ 为该点的静水压力。

式(5.1)可表示为

$$
\begin{cases}
\dfrac{\partial \sigma_x'}{\partial x} + \dfrac{\partial \tau_{yx}}{\partial y} + \dfrac{\partial \tau_{zx}}{\partial z} + \dfrac{\partial u}{\partial x} = 0 \\[2mm]
\dfrac{\partial \tau_{xy}}{\partial x} + \dfrac{\partial \sigma_y'}{\partial y} + \dfrac{\partial \tau_{zy}}{\partial z} + \dfrac{\partial u}{\partial y} = 0 \\[2mm]
\dfrac{\partial \tau_{xz}}{\partial x} + \dfrac{\partial \tau_{yz}}{\partial y} + \dfrac{\partial \sigma_z'}{\partial z} + \dfrac{\partial u}{\partial z} = -\gamma'
\end{cases}
\tag{5.3}
$$

式中,$\dfrac{\partial u}{\partial x}$、$\dfrac{\partial u}{\partial y}$、$\dfrac{\partial u}{\partial z}$ 实际上为作用在单元体上的渗透力在三个方向的分量,与 γ' 一样为体积力。

2. 几何方程

设单元体在 x、y、z 方向上的位移为 u^{s}、v^{s}、w^{s},其六个应变分量为

$$
\begin{cases}
\varepsilon_x = \dfrac{-\partial u^{\mathrm{s}}}{\partial x} \\[2mm]
\varepsilon_y = \dfrac{-\partial v^{\mathrm{s}}}{\partial y} \\[2mm]
\varepsilon_z = \dfrac{-\partial w^{\mathrm{s}}}{\partial z}
\end{cases}
\tag{5.4a}
$$

$$\begin{cases} \gamma_x = -\left(\dfrac{\partial w^s}{\partial y} + \dfrac{\partial v^s}{\partial z} \right) \\[2mm] \gamma_y = -\left(\dfrac{\partial u^s}{\partial z} + \dfrac{\partial w^s}{\partial x} \right) \\[2mm] \gamma_z = -\left(\dfrac{\partial v^s}{\partial x} + \dfrac{\partial u^s}{\partial y} \right) \end{cases} \tag{5.4b}$$

式中，ε_x、ε_y、ε_z 为 x、y、z 方向的正应变；γ_x、γ_y、γ_z 为 yOz、xOz 与 xOy 平面内的剪应变。

3. 本构方程

当体应变为 $\varepsilon_v = \varepsilon_x + \varepsilon_y + \varepsilon_z$ 时，应力与位移的关系为

$$\begin{cases} \sigma_x = 2G'\left(\varepsilon_x + \dfrac{\nu}{1-2\nu}\varepsilon_v \right) \\[2mm] \sigma_y = 2G'\left(\varepsilon_y + \dfrac{\nu}{1-2\nu}\varepsilon_v \right) \\[2mm] \sigma_z = 2G'\left(\varepsilon_z + \dfrac{\nu}{1-2\nu}\varepsilon_v \right) \end{cases} \tag{5.5a}$$

$$\begin{cases} \tau_{xy} = G'\gamma_z \\ \tau_{yz} = G'\gamma_x \\ \tau_{xz} = G'\gamma_y \end{cases} \tag{5.5b}$$

式中，G' 为剪切模量；ν 为泊松比。

4. 控制方程

将式(5.4)和式(5.5)代入平衡方程式(5.3)，得到控制方程为

$$\begin{cases} -\nabla^2 u^s - \dfrac{\lambda'+G'}{G'}\dfrac{\partial \varepsilon_v}{\partial x} + \dfrac{1}{G'}\dfrac{\partial u}{\partial x} = 0 \\[2mm] -\nabla^2 v^s - \dfrac{\lambda'+G'}{G'}\dfrac{\partial \varepsilon_v}{\partial y} + \dfrac{1}{G'}\dfrac{\partial u}{\partial y} = 0 \\[2mm] -\nabla^2 w^s - \dfrac{\lambda'+G'}{G'}\dfrac{\partial \varepsilon_v}{\partial z} + \dfrac{1}{G'}\dfrac{\partial u}{\partial z} = -\gamma' \end{cases} \tag{5.6}$$

式中，$\lambda' = \dfrac{\nu E'}{(1+\nu)(1-2\nu)}$；$G' = \dfrac{E'}{2(1+\nu)}$，$E'$ 为弹性模量；$\nabla^2 = \dfrac{\partial^2}{\partial x^2} + \dfrac{\partial^2}{\partial y^2} + \dfrac{\partial^2}{\partial z^2}$。

式(5.6)中包含四个未知数：u^s、v^s、w^s 与 u。为了求解，补充连续方程，对于饱和单元体，水量的变化率在数值上等于体积变化率，由达西定律可得

$$\frac{k}{\gamma_w}\nabla^2 u = -\frac{\partial \varepsilon_v}{\partial t} \tag{5.7}$$

式中，k 为渗透张量；γ_w 为水的重度。

5. 非饱和渗流基本方程

在非饱和的条件下需考虑饱和度 s 的影响，Darcy 定律可表达为[103]

$$sn_e v = -k \mathrm{grad}H \tag{5.8}$$

式中，s 为饱和度；n_e 为流体可通过的有效孔隙度；v 为流体流动速度；H 为总水头。

式(5.8)左边采用流体流动速度 v，而非渗透速度 v_s。饱和情况下，两者存在关系 $v_s = n_e v$。在非饱和状态下，有效应力原理表示为[102]

$$\sigma'_{ij} = \sigma_{ij} + \alpha\delta_{ij}\left[\chi u_w + (1-\chi)u_a\right] \tag{5.9}$$

式中，σ'_{ij} 为有效应力；σ_{ij} 为总应力；α 为比例系数，对岩石材料可取为 1；δ_{ij} 为 Kronecker 符号；χ 与饱和度有关，通常可假设 $\chi = s$；u_w 为孔隙水压力；u_a 为孔隙气压力。

由式(5.8)和式(5.9)，结合平衡方程式(5.3)、几何方程式(5.4)、本构方程式(5.5)和控制方程式(5.6)，可获得非饱和渗流-应力耦合问题的控制方程，再利用边界条件即可求解非饱和渗流-应力耦合问题。

5.2　模型建立与求解

ABAQUS 是一个功能强大的工程模拟的有限元软件，其解决问题的范围从相对简单的线性分析到许多复杂的非线性问题。本节中采用有限单元法分析平面应变渗流-应力耦合问题，进行了自然状态下和人工水幕条件下洞库水封性评价以及施工过程对洞库水封性影响分析。

1. 有限元网格

由于洞库洞室长度为 500～600m，远大于洞室截面尺寸 20～30m，可视为平面应变问题求解。9 个洞室从左向右依次展开，研究范围选取了左右侧洞室（即 1 号和 9 号洞室）各外延 1000m，上至地表，下至距洞室底板 400m 的岩体。1 号罐由 1～3 号洞室组成，2 号罐由 4～6 号洞室组成，3 号罐由 7～9 号洞室组成。在研究中，采用 8 节点二次平面应变单元离散研究范围，如图 5.1 所示。离散过程中，在洞室和水幕巷道周围加密划分了网格。

2. 边界条件

分析中，固体相边界条件指定如下：模型左右侧边界横向位移为零，下方边界横向和纵向位移均为零，地表为自由位移边界，洞室开挖后洞壁为自由位移边界

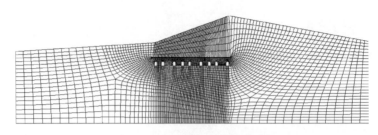

图 5.1　洞库平面应变模型网格

条件。流体相边界条件指定如下:左右侧和下方边界为压力边界条件,允许地下水自由出入边界面;上方为零流量边界;洞室开挖完毕后洞壁孔隙水压力为零,储油后洞壁孔隙水压力为 200kPa。在设置人工水幕系统条件下,水幕巷道网格节点处孔隙水压力指定为 30kPa。为分析排水条件、开挖顺序以及有无水幕对洞库水封性影响,共开展了 6 个工况的数值分析,具体情况如表 5.1 所示。

表 5.1　工况详情表

工况	洞室排水条件	开挖顺序	有无水幕
1	排水	1 号罐→2 号罐→3 号罐	无
2	排水	3 号罐→2 号罐→1 号罐	无
3	不排水	1 号罐→2 号罐→3 号罐	无
4	不排水	3 号罐→2 号罐→1 号罐	无
5	排水	同步开挖	无
6	排水	同步开挖	有

3. 初始条件

　　由于该大型不衬砌地下水封石洞油库地表为山丘地形,因此岩体中初始地应力和孔隙水压力分布在同一高程并不相同。为合理模拟地表起伏情况下岩体中的初始地应力场和孔隙水压力场,采用 ABAQUS 中用户子程序 SIGINI 和 UPOREP 进行处理。在用户子程序中,按照各单元埋深,指定初始地应力场和孔隙水压力场。其他两个方向初始地应力设置参考了地应力测试数据,横向侧压力系数取为 1.5,纵向侧压力系数取为 2.5[104]。图 5.2(a)为考虑地表起伏情况下获得的初始竖向应力分布情况,图 5.2(b)为初始孔隙水压力分布情况。从图 5.2 中可以看出,初始地应力和孔隙水压力分布与地表起伏情况相关;在同一高程埋深较大部位,初始地应力和孔隙水压力比其他部位高。

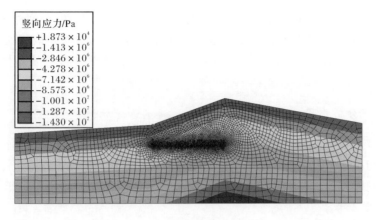

（a）初始竖向应力分布图

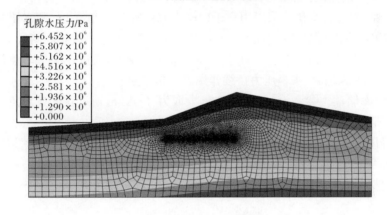

（b）初始孔隙水压力分布图

图 5.2　洞库初始地应力场和孔隙水压力场分布图

4. 本构模型和参数

根据现场试验结果,描述介质连通性的渗透系数在 $1\times10^{-3}\sim1\times10^{-5}\,\mathrm{m/d}$ 范围内取值,其中,多数区域内岩体渗透系数为 $1\times10^{-4}\,\mathrm{m/d}$。本研究中,孔隙水压力与饱和度之间关系采用线性描述:当孔隙水压力为零时,饱和度为 1;当孔隙水压力为 $-5\mathrm{MPa}$ 时,饱和度为 0.9。渗透系数与饱和度之间也采用简单的线性关系描述:饱和度为 0.9 时的渗透系数是饱和度为 1 时的 0.9 倍。参数测试结果表明,上述非饱和孔隙介质参数只影响非饱和岩体中饱和度及渗透系数的分布情况,对其他分析结果影响有限。

洞库围岩主要为完整性较好的花岗岩,故采用弹塑性本构模型描述洞库岩体的力学性质。考虑到尺寸效应,参考相关研究成果,岩体弹性模量取为 17.1GPa,

泊松比取为 0.21。取对应于剪胀起始点摩擦角作为屈服摩擦角,即摩擦角为 25°,初始黏聚力为 2.5MPa,剪胀角取为 20°。对照试验数据,硬化参数取值如下:当黏聚力为 2.5MPa 时,等效塑性应变为 0;当黏聚力为 5MPa 时,等效塑性应变为 0.01。

5. 工况分析步骤

在施工过程影响研究中(即工况 1~4),其分析步骤采用以下两步进行:

(1) 初始地应力平衡。采用用户子程序生成初始地应力场和孔隙水压力场。

(2) 洞库开挖。洞库开挖通过去除洞库单元实现,每个洞罐历时 1 年,整个开挖过程持续 3 年。

在设置水幕系统条件下(即工况 6),其分析步骤采用以下五步进行:

(1) 初始地应力平衡。采用用户子程序生成初始地应力场和孔隙水压力场。

(2) 洞库开挖。洞库开挖通过去除洞库单元实现,整个开挖过程持续 3 年。

(3) 施加水幕压力。参考设计水幕压力设为 30kPa,通过在洞壁节点施加孔隙水压力实现,施加后,水幕压力持续作用到分析结束。

(4) 洞库储油。参考设计值,储油压力取为 200kPa,通过在洞壁节点施加孔隙水压力实现。

(5) 洞库运营。储油后洞库在水幕压力为 30kPa 和储油压力为 200kPa 下稳定运行 50 年。

在自然地下水条件(即工况 5),即不设置水幕系统条件下,不进行第 3 步分析。

5.3　水封方式选用分析

水封洞库实现水封的基本条件为洞壁地下水压力大于洞库内压[63]。根据工程地质条件,水封方式可分为自然水封和人工水封两种方式。自然水封采用自然地下水进行储油的方式,适用于稳定水位高、地下水补给充沛地区;人工施作水幕系统进行储油的方式,适用于稳定水位低、地下水补给贫乏地区使用。

为了确保洞库工程安全,实际设计中往往预留一定压力储备。挪威防火防爆局要求石洞油库拱顶的静水压力必须高于储压 20m 水头压力,而日本《有关岩洞储油库的位置、结构及设备的技术标准的运用(基础)》则规定石洞油库拱顶的静水压力必须高于储压 15m 水头压力[70]。根据上述水封原理,水封洞库周围地下水位存在一个临界高程,若地下水位高程高于临界高程,则洞库储油(气)不会发生泄漏,反之则会发生泄漏。根据 Aberg 准则,要实现对洞室的水封,洞室上方垂直水力梯度应不小于 1。在具体工程实践中,水封方式的选用需通过工程水文地质条件进行评价,以验证地下水位、水力梯度及渗水量等因素是否符合水封条件。

5.3.1　自然水封性

图 5.3(a)～(c)为自然地下水条件下洞库周围 3 年、10 年和 50 年后孔隙水压力分布图。洞库的开挖引起了洞库上方地下水位的下降,随着时间的增加,水位越来越低。由于排水路径较短,洞库左侧地下水位下降较快,导致左侧水力梯度大于右侧。5 年后,2 号洞库上方地下水位下降至+10.1m,洞壁拱顶处出现自洞库流向围岩的流水量,即洞库开始出现泄漏;此后,3、4、1、5、6、7 号洞室陆续出现泄漏现象;13 年后,8 号洞室上方地下水位下降至+13.3m,洞壁出现负涌水量状况,洞库开始泄漏;而 50 年后,只有 9 号洞室没有出现泄漏现象。

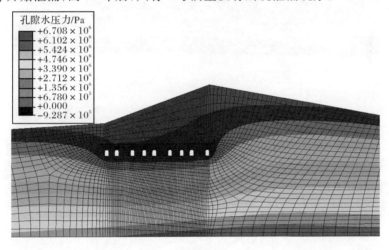

(a) 3 年

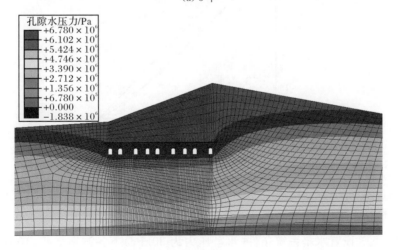

(b) 10 年

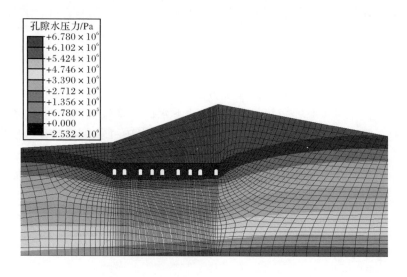

(c) 50 年

图 5.3　自然地下水条件下洞库周围 3 年、10 年和 50 年后孔隙水压力分布图

　　图 5.4 为 5 号洞室上方 50 年后孔隙水压力分布曲线。对应于垂直水力梯度为 1 的情况，图中给出了仅自重作用下孔隙水压力分布曲线。对比两条孔隙水压力分布曲线，可以发现在自然地下水条件下，洞库上方的垂直水力梯度小于 1，因此不能满足水封要求。

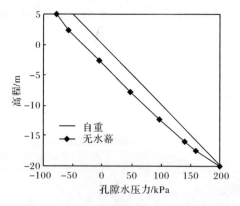

图 5.4　自然地下水条件下 5 号洞室上方 50 年后孔隙水压力分布曲线

5.3.2　人工水幕水封性

　　图 5.5 为设置水幕系统条件(水幕压力为 30kPa)下各洞室 3 年、10 年、50 年

后渗水量直方图。9 号洞室渗水量最大，3 年、10 年、50 年后分别为 $19m^3/m$、$67m^3/m$、$259m^3/m$；4 号洞室渗水量最小，3 年、10 年、50 年后分别为 $7m^3/m$、$26m^3/m$、$94m^3/m$。受相邻洞室影响，各洞室渗水量并不与埋深成正比。1 号和 9 号洞室只有一侧受其他洞室影响，所以渗水量比附近洞室大。

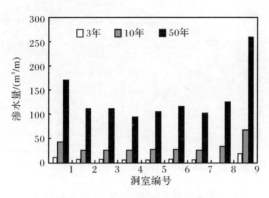

图 5.5　各洞室渗水量直方图

图 5.6(a) 和 (b) 分别为设置水幕系统后，洞库周围 10 年和 50 年后孔隙水压力分布图。从图 5.6 中可以看出，设置水幕系统后，洞库上方地下水位稳定在水幕巷道处。图 5.7 给出了 5 号洞室上方围岩设置水幕系统后和仅自重作用条件下孔隙水压力分布曲线。设置水幕系统后，洞室上方围岩垂直水力梯度大于 1，满足了水封条件，可以实现洞库的水封。

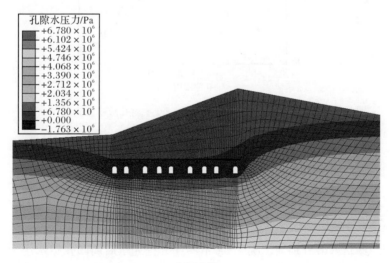

(a) 10 年

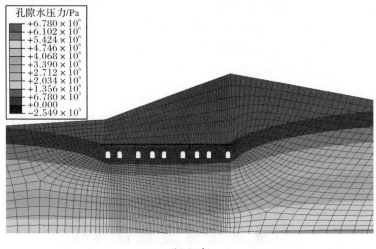

(b) 50年

图 5.6　设置水幕系统后洞库周围 10 年和 50 年后孔隙水压力分布图

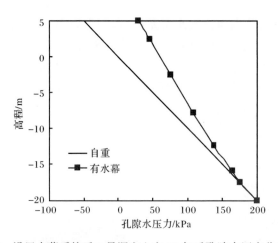

图 5.7　设置水幕系统后 5 号洞室上方 50 年后孔隙水压力分布曲线

5.4　施工过程影响

5.4.1　水压力分布

图 5.8(a)～(d)分别为工况 1～4 下洞库开挖完毕后周围孔隙水压力分布图。由于工况 1 和 2 分析中,允许地下水流入洞库,洞库周围孔隙水压力下降明显,而

工况 3 和 4 中,洞库周围孔隙水压力变化不大。同为排水条件,由于开挖顺序不同,工况 1 和 2 孔隙水压力分布也不相同。

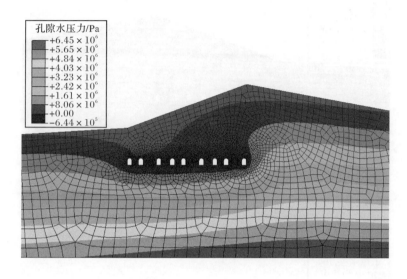

(a) 工况 1

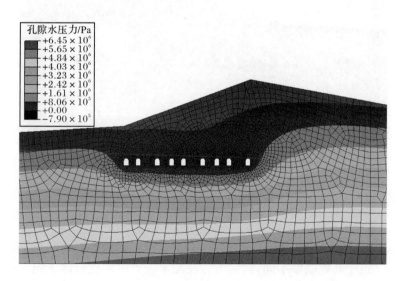

(b) 工况 2

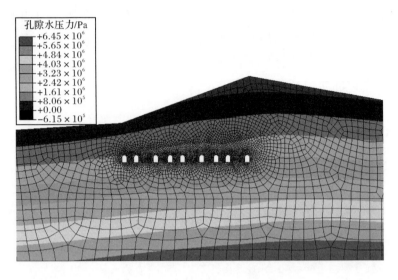

(c) 工况 3

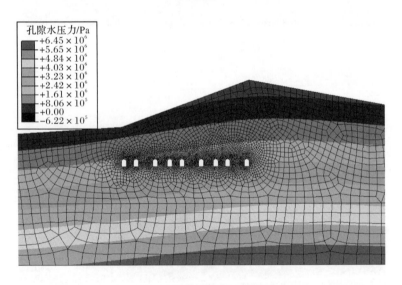

(d) 工况 4

图 5.8　不同工况下洞库开挖完毕后孔隙水压力分布图

　　图 5.9(a)~(c)分别为 1 号、4 号和 9 号洞在工况 1 和 2 下洞室上方孔隙水压力变化图。由于开挖顺序不同,洞室上方孔隙水压力的变化规律不同。在工况 1 条件下,随着开挖的进行,1 号洞室上方孔隙水压力首先变小,其次是 4 号洞室,最后为 9 号洞室。在工况 2 下,变化顺序正好相反。开挖完毕后,工况 1 和工况 2 下各洞室上方孔隙水压力分布也不相同。从水封效果上看,自右向左开挖优于自左

向右开挖。

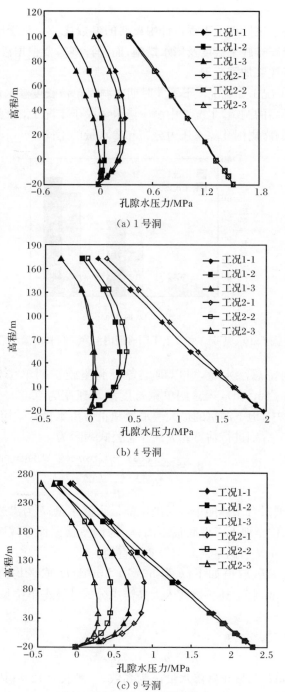

(a) 1 号洞

(b) 4 号洞

(c) 9 号洞

图 5.9　1 号、4 号和 9 号洞工况 1 和 2 下周围孔隙水压力变化图

5.4.2 渗水量

渗水量是高水位区地下工程设计中重要的参数之一。对于施工而言,需要根据工程渗水情况安排施工进度及堵水措施;而设计则需要根据渗水情况设计排水系统和确定围岩注浆加固范围。

图 5.10 为工况 1 和工况 2 下不同时期内洞库单位长度渗水量情况,由于先开挖孔隙水压力较高的洞罐,工况 2 中洞库渗水量大于工况 1。由此看出,开挖顺序的不同,会引起洞库周围孔隙水压力分布和渗水量的不同。

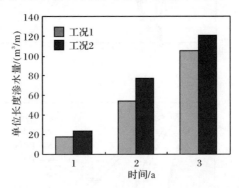

图 5.10　工况 1 和 2 下不同时期内洞库单位长度渗水量

根据各个洞室总渗水量,可以确定各个洞室施工期单位长度渗水速率为 $0.005 \sim 0.016 m^3/(m \cdot d)$,运营期单位长度渗水速率为 $0.005 \sim 0.014 m^3/(m \cdot d)$。在水动力学中,地下洞室的最大渗水量和正常渗水量常采用大岛洋志和佐藤邦明经验公式[105]分别进行估算。大岛洋志公式表示为

$$q_0 = \frac{2\pi k (H - r_0) m}{\ln \dfrac{4(H - r_0)}{d}} \tag{5.10}$$

式中,q_0 为洞身通过含水体的单位长度可能最大渗水量;k 为渗透系数;H 为含水层中原始静止水位至地下工程底板距离;r_0 为洞室横截面等效圆半径;m 为转换系数,一般取 0.86;d 为洞室横断面等效圆直径。

该巷道相关参数取值如下:k 为 5×10^{-5} m/d,H 取平均值,为 280m,r_0 为 27.6m,d 为 53.2m,将上述参数代入大岛洋志公式计算得单位长度最大渗水量为 $0.023 m^3/d$。

佐藤邦明公式表示为

$$q_s = q_0 - 0.584 \varepsilon k r_0 \tag{5.11}$$

式中,q_s 为洞室单位长度正常渗水量;ε 为系数,一般取为 12.8;其他符号同上。将各参数代入佐藤邦明公式计算得单位长度正常渗水量为 $0.021 m^3/d$。

比较本章计算结果与经验公式估算结果,可以发现经验公式估算值大于本章计算结果,这是由于经验公式并没有考虑水位下降及相邻洞室之间影响,而在数值计算中考虑了水位下降及相邻洞室之间的影响作用[106]。

5.4.3　稳定性

图 5.11(a)～(d)分别为工况 1～4 下洞库开挖完毕后 6～9 号洞室塑性区分布图。由于根据围岩剪胀性质选取屈服参数,等效塑性应变反映了围岩屈服后体积增加情况,可视为度量开挖引起的围岩松动程度的物理量。工况 1 和 2 下松动圈范围小于工况 3 和 4。值得注意的是,工况 2、3 和 4 中,7 号和 8 号洞室周围松动区范围出现了连通现象,将影响洞室的密封性。

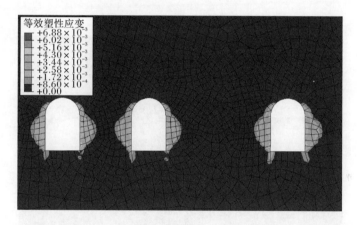

(a) 工况 1

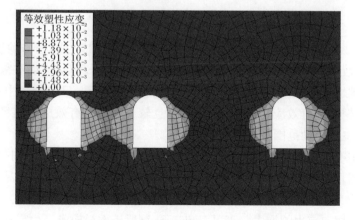

(b) 工况 2

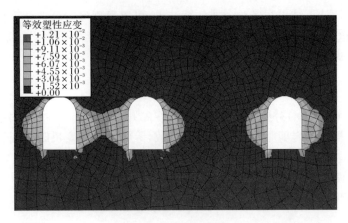

(c) 工况 3

(d) 工况 4

图 5.11　工况 1~4 下洞库开挖完毕后 6~9 号洞室塑性区分布图

　　图 5.12 为工况 2 和 4 下 7 号洞室右侧边墙有效应力路径与剪胀关系图。图 5.12 中数字为节点距洞壁距离。由于开挖顺序不同,洞室边墙有效应力路径不同。在排水条件下,开挖引起有效应力路径向左上移动,且较为集中;在不排水条件下,开挖引起有效应力路径向上移动,且较为分散。有效应力路径的不同导致屈服区,也即松动范围不同。

　　图 5.13(a)~(d)分别为工况 1~4 下沿 7、8 号洞室中墙水平方向径向和切向应力分布图。图例中"σ_r"表示径向应力,"σ_θ"表示切向应力。各种工况下,径向应力和切向应力直到 3 号洞罐开挖时才出现应力调整现象。洞罐开挖引起径向应力的减小和切向应力的增大。工况 1 和 2 下,洞壁表面径向应力为零;而由于孔隙水压力的存在,工况 3 和 4 下洞壁处径向应力变为拉力。因此,在偏应力相同的条

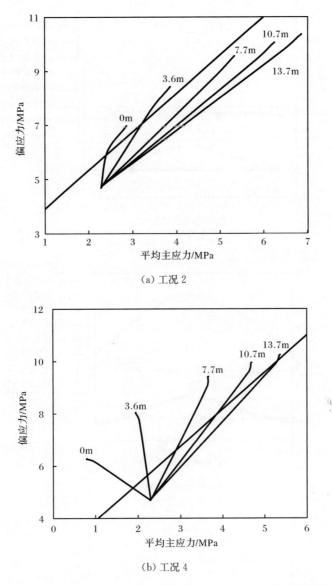

(a) 工况 2

(b) 工况 4

图 5.12 工况 2 和 4 下 7 号洞室右侧边墙有效应力路径与剪胀线关系

件下,工况 3 和 4 下洞室围岩平均有效主应力较小,因此松动范围也较大。此外,在不排水条件下,松动范围出现了连通现象。

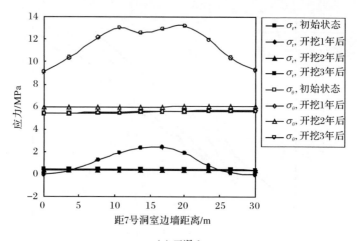

（a）工况 1

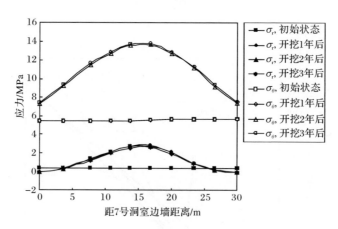

（b）工况 2

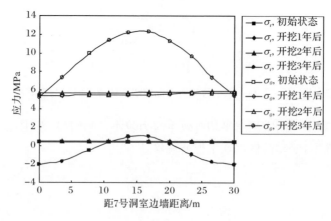

（c）工况 3

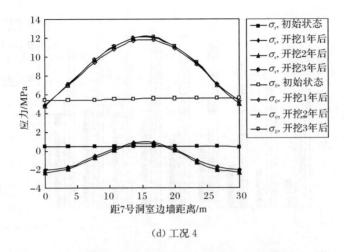

(d) 工况 4

图 5.13　7、8 号洞室中墙水平方向径向应力和切向应力分布图

图 5.14(a)、(b)分别为不同工况下各洞室水平收敛和拱顶沉降值。拱顶沉降值为拱顶处节点竖向位移,而水平收敛为位于洞室边墙中点处相对水平位移值。从图 5.14 中可以看出,洞室水平收敛和拱顶沉降值受排水条件和开挖顺序影响。排水条件下,水平收敛值为 4～31mm,拱顶沉降为 45～84mm;不排水条件下,洞室水平收敛为 21～80mm,拱顶沉降为 9～50mm。由于在排水条件下,洞室变形主要由孔隙水的排水引起,而在不排水条件下,洞室变形主要受临空面大小影响,因此,在工况 1 和 2 下,洞库水平收敛值小于拱顶沉降值,而在工况 3 和 4 下,水平收敛值则大于拱顶沉降值。同时,洞室水平收敛和拱顶沉降也与开挖顺序有关。

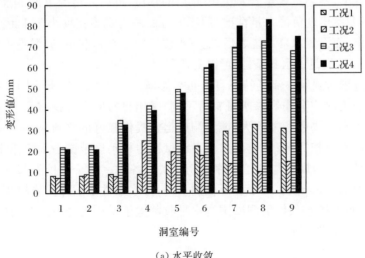

(a) 水平收敛

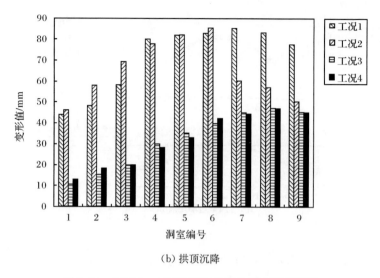

（b）拱顶沉降

图 5.14　工况 1～4 下各洞室水平收敛和拱顶沉降

5.5　本章小结

本章主要采用连续介质流固耦合理论,进行地下水封洞库水封性评价。在具体研究过程中,根据问题特点,采用有限单元法进行以下两个方面的分析:①自然地下水和人工水幕条件下洞库水封性对比;②施工过程对洞库水封性影响。

在对比分析中,采用连续介质流固耦合理论和 Aberg 水封准则,模拟在自然地下水条件下,各洞室 3 年、10 年、50 年后的水位,得出此情况下地下水位低于临界高程,各洞室出现负涌水量情况,洞库上方的垂直水力梯度小于 1,因此不能满足水封要求;而设置水幕系统之后,地下水位稳定在水幕巷道处,洞室上方垂直水力梯度大于 1,满足了水封条件,可以实现洞库的水封。

施工过程对洞库渗流场特征具有重要影响。在排水条件下不同开挖顺序洞库孔隙水压力时空分布和渗水量有所不同;采用自右向左开挖方案,开挖完毕后各洞室地下水封高程相差不大,能为洞库运营提供较好的水封条件,但渗水量略大于自左向右开挖方案;不排水条件下洞壁围岩松动区范围远大于排水条件下,而应力场时空分布规律与开挖顺序密切相关。各洞室由于开挖引起的拱顶沉降和收敛值为 10～80mm。由于变形机制不同,排水条件下洞库围岩拱顶沉降大于水平收敛,而不排水条件下洞库围岩水平收敛大于拱顶沉降;在相同排水条件下围岩变形与开挖顺序有关。

第6章 离散介质流固耦合分析方法

目前,节理、裂隙岩体渗流模型主要有等效连续介质模型、双重介质模型和离散裂隙网络模型三种类型。等效连续介质模型将岩体看作等效连续介质体,不考虑介质的各向异性,采用的物理变量为各个场的平均值,不能反映岩体中真实的渗流状态。双重介质模型既考虑流体在节理、裂隙网络中流动,也考虑流体在岩块中渗流。离散裂隙网络模型将岩体介质看作裂隙介质系统,对岩体中的节理、裂隙进行详细刻画,从而可以得到岩体中各点的真实渗流状态,具有精度高、仿真性好等优点。目前,等效连续介质渗流模型已经发展成熟,而双重介质模型和离散裂隙网络模型还处于发展之中。从岩体渗流力学发展趋势来看,离散介质网络渗流及其与岩体变形耦合作用是研究的焦点,如何考虑不连续面对岩体流固耦合特性的影响,是一个值得探讨且富有挑战性的课题。

地下水在水封式地下石洞油库中所起的作用具有双重性:①一方面岩体内有裂隙发育,裂隙中只要有地下水填充就可以封闭;②另一方面,如果地下水越丰富,说明岩体越破碎,这不仅给洞库的稳定造成威胁,而且地下水与被储油品同为液体,它们之间很容易发生对流,以致造成油品流失和地下水污染,此外,若地下水量很大,处理地下水又将增大工程量,而且还会使洞库的运营成本增加。所以水幕系统的优化设计是十分重要的过程[48],而水幕压力更是控制水封性、渗水量的一个重要参数。

本章将采用离散介质流固耦合理论分析地下水封石洞油库水封性[107]。结合该地下水封石洞油库施工巷道施工,在现场监控量测和水位观测基础上,分析施工巷道开挖对钻孔水位的影响,通过对比模拟结果和实测结果,获得了可靠的节理裂隙岩体参数;在此基础上,分析了有无水幕巷道条件下该地下水封石洞油库的水封性,最后对水幕巷道最优水幕压力进行分析。

6.1 基本原理

6.1.1 离散单元法的基本原理

离散单元法的基本原理是牛顿运动定律,结合不同的本构关系,以动力松弛的方法,按时步进行迭代而求解。众所周知,有限单元的基本思想是把整个研究对象划分成一些微小的单元,先对每个单元进行处理,最后再通过几何连续等条件把各个单元组合起来得到原结构问题的解。离散单元法的基本思想和有限单元法有些类似,也是将整个研究区域划分成许多微小的单元,再进行求解。但它们之间最明显的区别就是离散单元法一般不要求各个单元之间满足几何连续条件,在以后的运动过程中,单元节点可以分离,即一个单元与其邻近单元可以接触,也可以分离。单元之间相互作用的力可以根据力和位移的关系求出,而个别单元的运动则完全根据该单元所受的不平衡力和不平衡力矩的大小按牛顿运动定律确定。这正好适合于非均质结构和大变形非连续结构问题的求解。

离散单元法可以对由不同块体构成的整体进行应力、应变的分析计算,各不同块体之间通过接触点的耦合而互相连接在一起。就大多数岩体来说,其构造弱面的刚度和强度均比岩石本身要小得多,从这点出发,为了减少研究对象的不确定性的数量,通常假定各不同岩石块体为刚性,结构产生的总位移仅仅是由各接触点(面)的变形所引起。这里的研究对象被认为是各种离散块体的堆砌,块体之间的相互作用力可根据位移和力的关系式来求解,单个块体的运动遵循牛顿运动定律,即力和力矩的平衡。数值分析模型的建立必须满足平衡方程、变形协调方程和本构方程,还需要满足一定的边界条件。但离散元块体之间不存在变形协调的约束,因为块体之间是彼此互不约束的,因而仅需满足物理方程和运动方程。

6.1.2　岩体渗流应力耦合原理

对裂隙岩体中所存在的渗流场和应力场之间的相互影响称为耦合作用,其主要表现在以下两方面:①当裂隙岩体中有渗流发生时,地下水渗流在裂隙岩体中引起的渗流作用力将改变岩体中原始存在的应力状态;②裂隙岩体中应力状态的改变,又将引起岩体结构的变化,进而改变裂隙岩体的渗透性能,使裂隙岩体中地下水渗流场随之变化[108]。以上两方面的相互作用是通过裂隙岩体的渗透性能及其改变而联系起来的,当有渗流发生时,这两种作用将通过反复耦合而达到动态稳定状态。耦合分析的纽带是裂隙的水力开度,它随水力学条件和应力条件的变化而变化,这是耦合分析的关键。

裂隙岩体渗流模型的建立是进行裂隙岩体渗流分析的基础,由于裂隙岩体渗流的不均匀性、各向异性和非连续性,使裂隙岩体水力模型研究难度大,因而研究进展缓慢,已有不少学者提出了各种各样的裂隙渗流模型,但每种模型都有其不足之处,如何建立和选择一个较为完善的裂隙岩体渗流模型仍需进一步探讨。目前已有的模型主要是沿两个方向发展起来的:一种是考虑了岩体中裂隙系统和岩块孔隙系统之间的水交替过程,即所谓的"裂隙-孔隙双重介质模型",认为裂隙岩体是由孔隙性差而导水性强的裂隙系统和孔隙性好而导水性弱的岩块孔隙系统共同构成的统一体。该模型首先基于达西定律分别建立两类系统的水流运动方程,再利用两类系统之间的水交替方程将其联系起来。另一种是忽略了岩块的渗透性,着重研究裂隙的导水作用。由于岩块的渗透性和裂隙的渗透性相比一般相差几个数量级,因此可以作出这样的假定。该类模型能够反映裂隙岩体渗流的非均匀、各向异性等特性,这是目前研究最多、应用最广的模型。此类模型主要包括等效连续介质模型、离散裂隙介质模型以及结合两者优点的等效-离散模型。

当岩体中岩块的渗透性和裂隙相比很小时,可以忽略岩块的渗透性,认为渗流只在裂隙网络中定向流动,从而形成岩体裂隙网络渗流模型。裂隙网络模型是把裂隙介质看成由不同规模、不同方向的裂隙个体在空间相互交叉构成的网络状系统,称为裂隙网络,地下水沿裂隙网络运动。线素模型是裂隙网络渗流模型的基础,它将裂隙岩石的渗透空间视为由构成裂隙网络的裂缝个体组成,运用线单元法建立裂隙系统中水流量、流速及压力特征之间的关系。这是一种真实的水文地质模型,相当于对天然裂隙系统的映射,但它却是稳定流模型,不能反映裂隙水流的瞬间变化特征;但是由于查清每一条裂隙难以办到,因而只有在小范围且裂隙数量不大的范围才能应用。裂隙网络模型在确定每条裂隙的空间方位、隙宽等几何参数的前提下,以单个裂隙水流基本公式为基础,利用流入和流出各裂隙交叉点的流量相等来求其水头值。这种模型接近实际,但处理起来难度较大,数值分析工作量大。

6.1.3 基本方程

1. 渗透场

节理假定为光滑壁面,则其水流流动规律符合立方定律:

$$q=va_h=-k_j a_h^3 \frac{\Delta p}{l} \tag{6.1}$$

式中,q 为流量;v 为节理内流体速度;a_h 为节理等效水力隙宽;l 为流体流动长度;Δp 为裂隙两头压力差;$k_j=\frac{1}{12}\mu$,μ 为流体动力黏滞系数。

节理等效水力隙宽 a_h 的取值与节理力学隙宽 a_e 及粗糙度有关,由所采用的节理本构决定[109]。

对于 Mohr-Coulomb 等节理本构模型,有

$$a_h=a_e \tag{6.2}$$

对于 BB 模型,有

$$a_h=\sqrt{\frac{a_e^2}{JRC^{2.5}}} \tag{6.3}$$

式中,JRC 为节理粗糙度系数。

2. 力学场

离散元中,节理将岩体划分为多个可变形块体,可变形块体被网格离散为多

个常应变三角形单元,通过单元格点的运动来反映整个岩体的运动及变形,单元格点的运动方程为[110]

$$\begin{cases} \ddot{u}_i = \dfrac{\sum F_i}{m} + g_i \\ F_i = f_i^{c} + \sum_{l}^{M} \left[\sigma_{ij} \sum_{k=1}^{N} (\boldsymbol{n}_j^k \Delta s^k) \right]_l \\ \Delta s^k = \Delta l^k d \end{cases} \tag{6.4}$$

式中,F_i 为节理壁面所受的法向压力;$\ddot{u}_i$ 为格点 i 的位移;m 为分配到格点上的集中质量;g_i 为重力加速度;N 为单元节点数目($N=3$);σ_{ij} 为单元应力(对于常应变单元来说,σ_{ij} 在单元内为常量);M 为与节点 i 相连的单元数目;$\boldsymbol{n}_j^k$ 为单元内第 k 条边的单位法向向量;Δl^k 为单元内第 k 条边的边长;d 为单元厚度;Δs^k 为面积;f_i^c 为块体与块体间的接触力,可分为法向接触力 ΔF_n 与切向接触力 ΔF_s 两部分,其值与节理本构模型有关。

3. 流固耦合

1)力学场对渗流场的影响

在离散元中,假定流体只在裂隙中流动,完整岩块为不透水材料。应力影响岩体位移,改变块体间相对位置即节理法向位移,从而改变节理隙宽、影响节理岩体渗透率[110],即

$$a_e = a_0 + u_n + u_{dil} + u_{ire} \tag{6.5}$$

式中,a_e 为变形后节理力学隙宽;a_0 为初始节理力学隙宽;u_n 为节理法向位移,通过块体边界处各点间的相对位移得到;u_{dil} 为剪胀位移;u_{ire} 为卸载时不可恢复的法向位移。

将式(6.5)代入式(6.2)或式(6.3)中,计算出变形后的节理等效水力隙宽,最终实现应力场对渗透场的影响。

2)渗流场对应力场的影响

节理内流体作用在节理壁面上压力的变化引起岩体受力状态的变化,最终影响了裂隙岩体的变形。离散元中将节理视为块体与块体间的接触区域,假设由其他相邻区域汇入此区域内的流体总流量为 Q,节理壁面所受的法向压力 F_i,如图 6.1[110]所示。

$$\begin{cases} F_i = p \boldsymbol{n}_i L d \\ p = p_0 + K_w Q \dfrac{\Delta t}{V} - K_w \dfrac{\Delta V}{V_m} \end{cases} \tag{6.6}$$

式中,p 为节理内渗透压力;d 为厚度(二维时 $d=1$);$\boldsymbol{n}_i$ 为节理法向向量;L 为节理长度;p_0 为初始渗透压力;K_w 为流体体积模量;ΔV 为接触区域体积增量;V 为

变形后的体积；V_m 为变形前后体积均值；Δt 为时间步长。

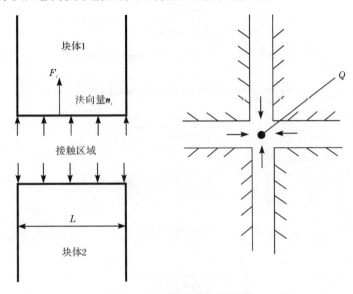

图 6.1　节理法向压力示意图

将式（6.6）中水的渗透力 F_i 代入式（6.4），可得在渗透压力影响下格点的位移，实现渗流场对应力场的影响。力学场与渗流场的相互影响是同时存在的，在进行水力耦合分析时，应考虑采用全耦合的方式进行计算[110]。

6.2　研究方法

6.2.1　UDEC 简介

UDEC（Universal Distinct Element Code）是美国 ITASCA 公司开发的基于离散单元法的数值分析应用程序，它是利用显式差分法为岩土工程提供精确有效分析的工具，它用于模拟非连续介质承受静载或动载作用下的响应。UDEC 主要用于岩石边坡的渐进破坏研究及评价岩体的节理、裂隙、断层、层面对地下工程和岩石基础的影响。

UDEC 的计算过程如图 6.2 所示，一般包括前处理、计算器求解和后处理。前处理中，需要根据实际情况切割块体，生成网格模型；定义材料本构模型，并指定材料参数；最后需要给出模型的边界条件和初始条件。计算器求解过程需要求解器不断迭代，直至两次迭代产生的误差小于规定值。后处理过程则是提取计算结果和分析的过程。

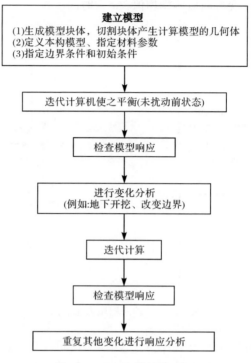

图 6.2　UDEC 的计算过程

6.2.2　洞库岩体性质参数反分析

本节利用施工巷道施工过程中的水位观测数据,分析施工巷道开挖对地下水位影响。根据监测结果,选取 ZK011 和 ZK005 附近岩体作为研究对象。模拟结果和监测结果较为接近,因此计算所使用参数较为合理。

1. 离散单元模型

建立 200m×100m 的二维模型,模型采用不同节理裂隙参数进行离散,根据离散情况,单元数目略有变化,约为 300 万个。巷道尺寸参照依托工程施工巷道尺寸设置,宽为 7m,高为 8m。模型如图 6.3 所示。

计算采用流固耦合模型。初始状态时模型承受自重应力和水压力,左右两侧受水平应力,首先在稳态状态下计算初始平衡,使其最大不平衡力达到 10^{-5}N;然后在关掉水的条件下开挖施工巷道即删除施工巷道所在的单元,当最大不平衡力达到 10^{-5}N 时停止计算;随后在瞬态状态下计算洞室开挖一段时间后的拱顶沉降和分析洞室开挖对水位的影响。岩块和节理的各参数取值如表 6.1 所示。

图 6.3　模型一

表 6.1　各参数的取值

参数	取值 1	取值 2	取值 3	取值 4	取值 5	取值 6
弹性模量/GPa	10	14	18	20	—	—
泊松比	0.20	0.22	0.24	0.26	—	—
法向刚度/(GPa/m)	1	10	20	30	—	—
切向刚度/(GPa/m)	5	8	10	15	—	—
节理倾角/(°)	40	50	60	70	80	—
节理间距/m	1.0	1.2	1.4	1.6	1.8	2.0
初始隙宽/mm	0.3	0.5	0.8	1.0	—	—
残余隙宽/mm	0.1	0.2	0.3	0.5	—	—

2. 模拟 ZK011 孔断面

根据相关试验数据和参考文献资料,选取钻孔 ZK011 附近岩体节理裂隙模型参数,如表 6.2 所示。

表 6.2　工程岩体物理力学参数

岩性	密度/(kg/m³)	弹性模量/GPa	泊松比	黏聚力/MPa	摩擦力/(°)
花岗岩	2700	22.5	0.23	2	40

图 6.4 为 ZK011 孔的实测水位下降量随时间变化的关系曲线图,分析曲线可知:从 2011 年 4 月 1 日开始,随着时间的推移,ZK011 孔的水位下降量越来越大,到 7 月后水位趋于稳定,其中在 4 月 15 日～4 月 25 日期间水位变化相对较大,这是由于在此期间 1 号施工巷道正好开挖到 ZK011 孔所在的剖面,所以水位下降量较大。

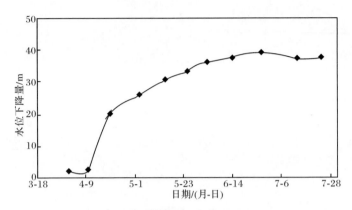

图 6.4　ZK011 孔的实测水位下降量图（2011 年）

由图 6.4～图 6.6 可知：分析观测数据得到 ZK011 孔水位最后稳定时其水位

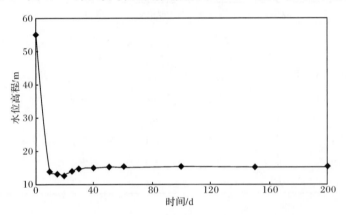

图 6.5　ZK011 孔水位高程为 55m 的水位变化图

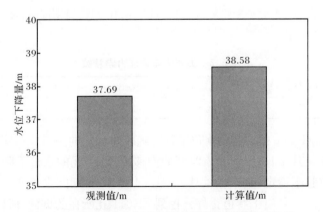

图 6.6　ZK011 孔水位下降量实测值与计算值对比图

下降量为 37.69m,采用 UDEC 的稳态流计算得到 ZK011 孔所在位置水位高程为
55m 的水压力为 $1.542×10^5$ Pa,则其水位下降量为 39.58m。水位下降量的计算
值与实测值存在误差的原因有两方面:一是观测数据在采集过程中存在误差;二
是计算模型的假定与实际情况存在出入,参数取值与实际岩层可能存在误差,而
参数的选取对于拱顶沉降的计算结果的影响极为敏感。

3. 模拟 ZK005 孔断面

根据相关试验数据和参考文献资料,选取钻孔 ZK005 附近岩体节理裂隙模型
参数,如表 6.3 所示。

表 6.3　反分析获得的节理裂隙参数值

节理组	剪切刚度 /GPa	法向刚度 /GPa	间距 /m	隙宽 /mm	倾角 /(°)	黏聚力 /MPa	摩擦力 /(°)
1	7	10	4	1	60	0.1	20
2	7	10	8	0.5	0	0.1	20

由图 6.7 和图 6.8 可知:分析观测数据得到 ZK005 孔水位最后达到稳定时其
水位下降量为 14.43m,采用 UDEC 的稳态流计算得到 ZK005 孔所在位置水位高
程为 30m 的水压力为 132kPa,水位下降量约为 16.81m。计算值与实测值存在误
差的原因有两方面:一是计算模型的假定与实际情况存在出入,参数取值与实际
岩层可能存在误差;二是观测数据在采集过程中存在误差。

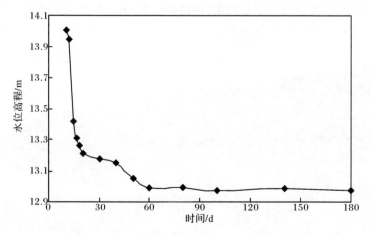

图 6.7　ZK005 孔水位高程为 30m 的水位变化图

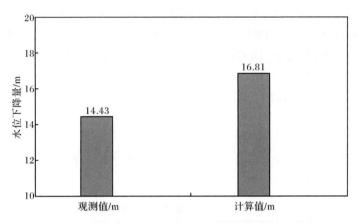

图 6.8　ZK005 孔水位下降量实测值与计算值对比图

6.3　水封性评价

6.3.1　评价方法

如图 6.9 所示,研究区域范围如下:x 轴取值为 0~600m,y 轴最高点取值为 260m。计算单元约有 1200 万个,模型中包括 2 个施工巷道、水幕巷道、9 个主洞室和断层,从左到右依次为 9 号主洞室到 1 号主洞室。计算中模型底面静止不动,采用固定铰支座模拟;地表处假定为自由边界;左右两个侧边界不受剪应力作用,采用滑动铰支座,竖直方向不受约束,可以产生竖向位移;假定模型上下边界不透水,左右边界受线性水压力并透水。

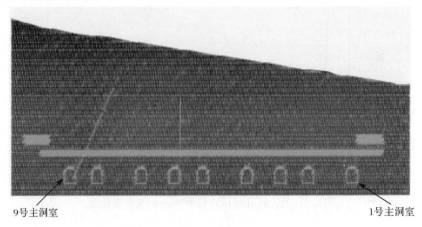

9号主洞室　　　　　　　　　　　　　　　　　　　　1号主洞室

图 6.9　模型二

6.3.2　不设水幕巷道时洞库水位变化情况

按表 6.3 中的参数,不设水幕巷道,进行计算。分析步骤如下:①初始平衡;②开挖主洞室,删除 9 个洞室所在的单元;③瞬态下计算洞室开挖对拱顶沉降和水位的影响,设置时间步长为 7200s,计算时间为 1.5a。图 6.10 为初始平衡后水位状态。图 6.11 为不设水幕时开挖主洞室后洞室水压力分布图。从图 6.11 中可以看出,若不设水幕巷道,地下水位不能达到洞库的水封效果要求,为了安全考虑应设计水幕巷道。

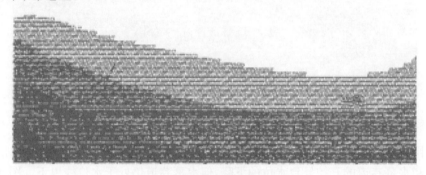

图 6.10　初始平衡后水位状态

图 6.11　不设水幕时开挖主洞室后洞室水压力分布图

6.3.3　设置水幕巷道后洞库水位变化情况

在洞库上部设置了水幕巷道后,采用 UDEC 计算的过程包括如下几步:①先算初始平衡使其最大不平衡力达到 10^{-5}N;②在关掉水的条件下开挖施工巷道和水幕巷道即删除施工巷道所在的单元,当最大不平衡力达到 10^{-5}N 时停止计算;③随后在瞬流状态下计算洞室开挖对拱顶沉降和水位的影响,设置时间步长为 7200s,计算时间为 1.5a;④待③计算结束后向水幕巷道中注水,设置注水压力为 50kPa,在瞬流状态下计算 1 个月;⑤最后开挖主洞室,在关掉水的条件下删除 9

个主洞室所在的单元,当最大不平衡力达到 10^{-5}N 时停止计算;⑥在稳流状态下计算洞室开挖对拱顶沉降和水位的影响。图 6.12 为设置水幕巷道时完成后的模型。

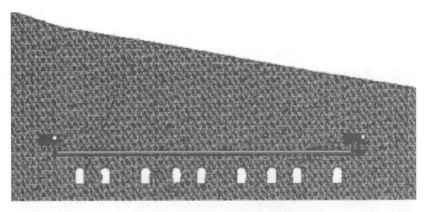

图 6.12　设置水幕巷道时的模型

图 6.13 为施工巷道和水幕开挖完后的水压力分布图。从图 6.13 中看到施工巷道和水幕巷道的开挖导致水位的下降,但水幕巷道仍处于水位线以下。图 6.14 为开挖施工巷道和水幕巷道后向水幕巷道注水后的孔隙水压力分布图。对比图 6.13 后可知向水幕巷道中注水后,洞库的整体水位都上升,特别是水幕巷道附近的水位。

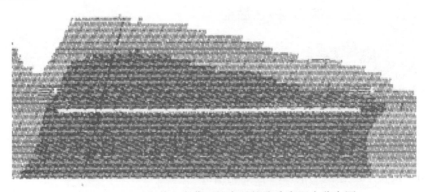

图 6.13　施工巷道和水幕开挖完后的孔隙水压力分布图

图 6.15 为采用稳态计算开挖水幕巷道并注水后再开挖主洞室后得到的水压力分布图。图 6.16 为 9 个主洞室拱顶的水压力分布图,图中显示两侧的主洞室顶部的水压力相对较高些,其孔隙水压力值为 0.6~0.7MPa,而 4 号和 5 号主洞室顶部的水压力相对小一些,但相差不大。

图 6.14　向水幕巷道注水后的孔隙水压力分布图

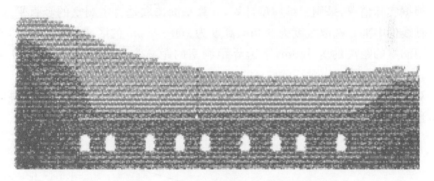

图 6.15　开挖主洞室后的水压力分布图

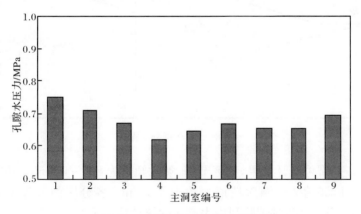

图 6.16　主洞室拱顶水压力分布图

　　按照地下洞库的水封准则,取油品密度为 850kg/m³,油品饱和蒸气压为 0.1MPa,则洞内油品及饱和气压力约为 0.4MPa,那么洞库周围的地下水压力大于洞内储存介质的压力,即水位满足洞库的水封要求。因此,在考虑水幕条件下,洞库的水封性可得到满足要求。

6.4　最优水幕压力分析

6.4.1　分析方法

本节运用软件 UDEC,节理采用 Barton-Bandis 模型;假定洞室内储油压力为 0.3MPa,水幕巷道注水压力分别为 50kPa、75kPa、100kPa、150kPa 的条件下,分析洞室开挖后各主洞室附近孔隙水压力分布情况以及渗水量计算,对地下石洞油库水封效果、稳定性进行评价,以确定最优水幕压力。

根据实际情况,采用二维模型计算,计算平面选取垂直主洞室的竖直平面,位于洞轴线的中部。选取宽度为 800m、高度为 200～350m 的区域为研究范围,左右边界距洞室的距离约为 130m,下边界距洞室的距离为 80m,模型中包括 9 个主洞室。

对库址区进行节理的统计调查,按照区内相似,区间相异的原则,将计算区域的节理划分为四个区,如图 6.17 所示。

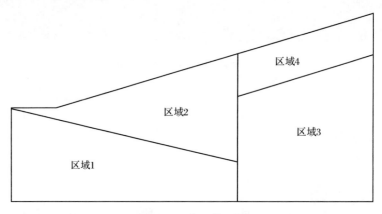

图 6.17　节理分区图

根据节理、裂隙统计结果,该区节理、裂隙倾角为 20°～40°、55°～80°;节理密度为 0.35～1.50 条/m,洞库埋深处约为 1 条/m。各分区的节理参数统计如表 6.4 所示。分析区域的裂隙利用表 6.4 的统计结果采取 UDEC 软件随机的方式生成,生成的裂隙网络模型如图 6.18 所示。根据分析,选取岩块和节理参数如表 6.4～表 6.6 所示。在此节理采用 BB 模型,块体采用弹性模型。

表 6.4 节理裂隙参数值

参数	节理组	
	1	2
节理剪切刚度/GPa	7.5	7.5
节理法向刚度/GPa	3	3
节理基本内摩擦角/(°)	20	17
节理粗糙度系数	5.5	11
节理面抗压强度/MPa	60	60
完整岩体抗压强度/MPa	100	120
室内试验中节理的长度/m	0.1	0.2
节理隙宽/m	0.3	0.5

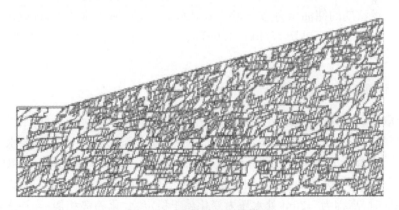

图 6.18 离散单元网格模型

表 6.5 工程岩体物理力学参数

岩性	密度/(kg/m³)	弹性模量/GPa	泊松比	黏聚力/MPa	摩擦力/(°)
花岗岩	2700	48	0.19	8	40

表 6.6 节理统计

分区	线密度	视倾角		迹线长	
		均值	标准差	均值	标准差
1	0.16	73.6	6.2	23.2	5.8
	0.11	24	27	26.8	6.3
2	0.3	76	5	18.7	16.5.7
	0.14	24	27	21.2	5.4

续表

分区	线密度	视倾角		迹线长	
		均值	标准差	均值	标准差
3	0.16	76	5	28.3	7.6
	0.11	24	27	31.2	8.2
4	0.3	76	5	216.5.7	5.3
	0.15	24	27	26.9	6.1

　　本工程主洞室位于地下水位以下,水幕巷道高程为 5m,沿巷道每隔 10m 进行水平钻孔,形成水幕;由于水幕孔直径为 120mm,其尺寸相对于整个模型可以忽略不计,所以在计算时用一条裂隙来代替,如图 6.19 所示。取油品密度为 850kg/m³,油品饱和蒸气压力为 0.1MPa,则洞内压力最大值约为 0.35MPa,假定主洞室在运营期的储油压力为 0.3MPa,对水幕巷道中施加水压力,选取由小到大 4 种水压力,分别为 50kPa、75kPa、100kPa、150kPa,研究洞室附近裂隙水压力、渗水量的变化。

6.4.2　计算结果及分析

　　选取不同的注水压力计算得到主洞室顶部的裂隙水压力变化曲线,如图 6.19 所示。图 6.19 是高程为 −20m 且平行于主洞室的剖面的裂隙水压力变化曲线。从图 6.19 中可以看出:水压力最大值为 3.5MPa,最小值为 0MPa;随着注水压力的增大,洞顶的裂隙水压力增大,但增长速率变小;当注水压力大于或等于 75kPa 时,高程为 −20m 处水压力变化趋于稳定,变化趋势相似;当注水压力为 50kPa 时,1 号、8 号主洞室顶部的水压力趋于 0,洞室内的油易发生泄露即不满足水封要求,这是因为当水幕中的水压力较小时,对裂隙中的裂隙水压力的增加没有作用,只有水幕中水压力大于一定值时,才起作用。

　　地下水在水封式地下石洞油库中所起的作用具有双重性:①一方面岩体内有裂隙发育,裂隙中只要有地下水填充就可以封闭;②另一方面,如果它越丰富,说明岩体越破碎,这不仅给洞库的稳定造成威胁,而且地下水与被储油品同为液体,它们之间很容易发生对流,以致造成油品流失和地下水污染,此外,若地下水量很大,处理地下水(注浆和排水)又将增大工程量,而且还会使洞库的运营成本增加。所以对于水幕系统的优化设计是十分复杂的过程。

　　Aberg[47,48]最早对水幕压力和洞库存储压力的关系进行了研究,提出只要垂直水力梯度大于 1,就可以保证储洞的密封性。如图 6.20 所示,垂直水力梯度大于 1 指的是图中直线上方;垂直水力梯度小于 1 则位于图中直线以下,即不满足密封要求。

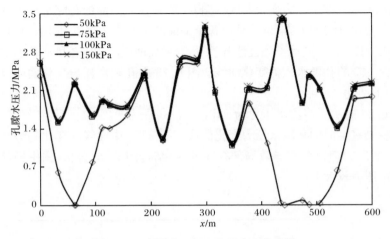

图 6.19　高程为−20m 水压力变化曲线

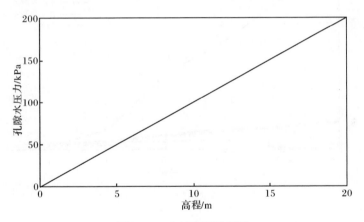

图 6.20　水封准则示意图

　　图 6.21 展示了注水压力为 50kPa、75kPa、100kPa、150kPa，高程为−20～5m 且垂直于主洞室的剖面的裂隙水压力变化曲线。根据 Aberg 准则，要实现对洞室的水封，洞室上方垂直水力梯度应不小于 1。对应于垂直水力梯度为 1 的情况，图中以 1、6、7、8、9 号主洞室为例，给出了仅自重作用下孔隙水压力分布曲线。当注水压力为 50kPa 时，1 号、7 号主洞室上方垂直水力梯度小于 1，不满足水封准则；当注水压力大于或等于 75kPa 时，主洞室上方垂直水力梯度大于 1，满足水封准则；当注水压力大于或等于 100kPa 时，各主洞室上方水压力变化趋势相似，且趋于稳定。随着水幕巷道中的水压力的增加，裂隙水压力也逐渐增大，开始时第 1、7、8 号洞顶裂隙水压力较明显，最后也趋于稳定。

　　图 6.22 显示了当注水压力为 75kPa 时，主洞室之间平行于主洞室走向的剖

面 1、2、3、4 的孔隙水压力变化曲线。图 6.22 中各个剖面的孔隙水压力变化曲线都在自重变化直线的上方,也就是说各个剖面的垂直水力梯度都不小于 1,则满足水封准则。图 6.23 显示了当注水压力为 75kPa 时,主洞室之间垂直于主洞室走向的剖面 1、2 的孔隙水压力变化曲线。图 6.23 中孔隙水压力变化曲线呈抛物线形,且向上凸起。

　　图 6.24 展示了当注水压力为 75kPa 时,高程为 −35m、−15m、−5m 处方向垂直于主洞室走向的孔隙水压力变化曲线。图 6.24 中曲线的变化趋势大体上一致,由于节理的随机分布导致局部存在差异;结合图 6.23 分析,图中局部位置出现孔隙水压力较大。

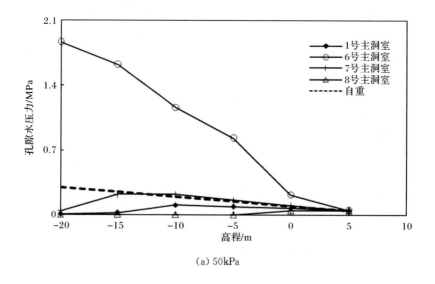

(a) 50kPa

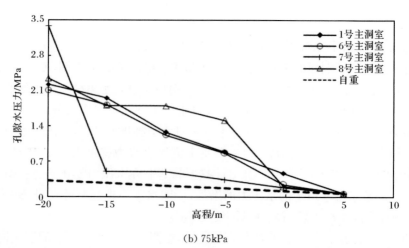

(b) 75kPa

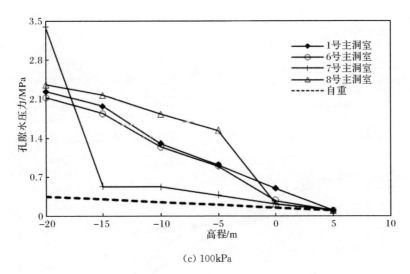

(c) 100kPa

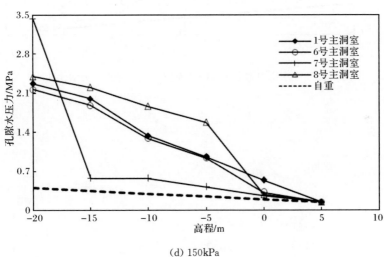

(d) 150kPa

图 6.21　主洞室拱顶水压力变化曲线

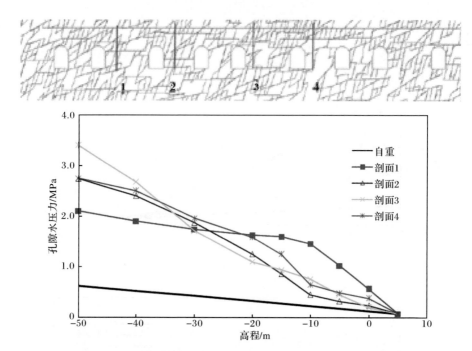

图 6.22　注水压力为 75kPa 时主洞室之间孔隙水压力变化曲线

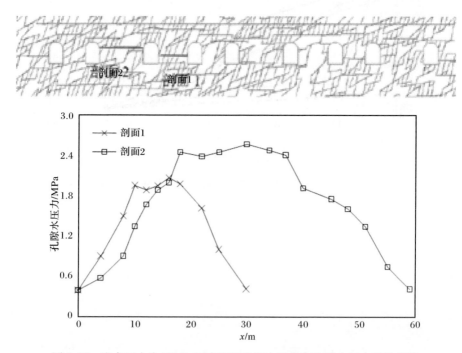

图 6.23　注水压力为 75kPa 时主洞室之间水平方向孔隙水压力变化曲线

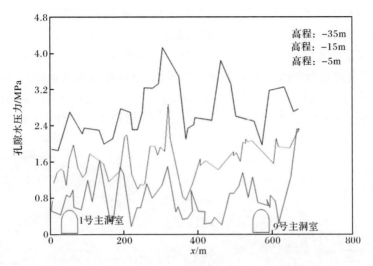

图 6.24　注水压力为 75kPa 时主洞室附近水压力变化曲线

根据本书 5.4 节中大岛洋志公式和佐藤邦明公式分别计算的单位长度最大渗水量为 0.023m³/d 和 0.021m³/d。当主洞室内储油压力取 0.3MPa 时，以 1 号、3 号、9 号主洞室为例分析不同注水压力条件下的渗水量，如图 6.25 所示。

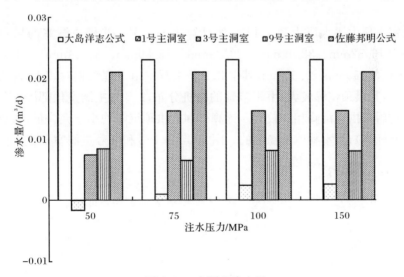

图 6.25　主洞室渗水量

由图 6.25 中可以看出，经验公式估算值大于数值计算结果，这是由于数值计算模型与经验公式的假定存在一定差异，经验公式是基于均匀介质的解析解，其渗透系数是等效渗透系数，而数值计算是假定岩块不具有渗透性；经验公式是针对单条隧道且没有考虑水位下降及其循环内压影响,而在数值计算中考虑了水位下降和相邻洞室之间的影响;由于节理的随机分布,3 号主洞室附近围岩较破碎导致 3 号主洞室渗水量相对较大;当注水压力为 50kPa 时,1 号主洞室内的流量为负值,这表示主洞室内的压力大于洞室外的压力,也就是说洞内油品向外渗即不满足水封要求;当注水压力大于或等于 75kPa 时,1 号、3 号、9 号主洞室的流量也趋于稳定。洞室开挖后的水位如图 6.26 所示,水位线位于主洞室上方约 3~5m 处。

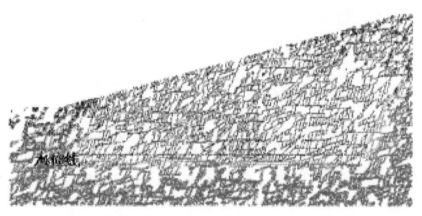

图 6.26　洞室开挖后库区水位

假定水幕中注水压力为 75kPa,经计算得到 1 号~9 号主洞室的拱顶沉降值分别为 16.32mm、32.12mm、28.29mm、18.89mm、32.14mm、23.47mm、25.46mm、34.50mm、25.59mm,其中 8、9 号主洞室由于埋深相对较大,应力水平较高,所以其拱顶位移较大;由于节理的随机分布,2、5 号主洞室顶部围岩较破碎导致开挖后其拱顶沉降相对较大。计算得到的拱顶沉降均小于允许值(根据相对位移控制标准),洞室整体是稳定的。图 6.27 为 1 号和 9 号主洞室开挖后洞壁的

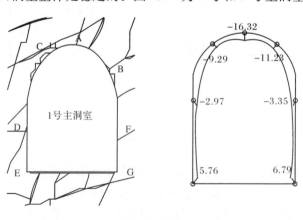

(a) 1 号主洞室

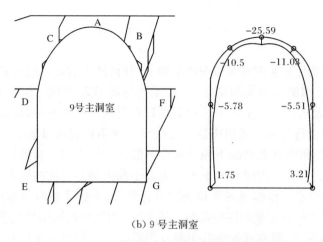

(b) 9 号主洞室

图 6.27　洞室开挖后洞壁变形示意图

变形示意图。图中展示主洞室开挖后，洞室顶部和侧壁岩体竖向位移向下，而底部向上隆起。

图 6.28 为主洞室开挖后竖向应力变化云图。从图 6.28 中可看出，由于洞室的开挖，应力释放，导致洞室附近的竖向应力减小，如 1 号、2 号主洞室附近的应力变化较为明显；洞室附近应力释放，导致应力重新分布，洞室和洞室之间产生应力叠加区，图中 5 号与 6 号、6 号与 7 号主洞室之间都出现应力集中区。

图 6.28　洞室开挖后竖向应力

6.5　本章小结

　　本章在现场监控量测和水位观测基础上,分析施工巷道开挖对钻孔水位的影响,通过对比模拟结果和实测结果,获得了可靠的节理裂隙岩体参数;在此基础上,分析了有无水幕巷道条件下该地下水封石洞油库的水封性,最后对水幕巷道最优水幕压力进行分析。采用离散单元法模拟在不设置水幕巷道的情况下油库水位变化情况,得出在此情况下地下水位不能达到洞库的水封效果要求;在设置水幕巷道情况下,油库周围的地下水压力大于洞内储存介质的压力,此时水位满足油库的水封要求。根据现场节理裂隙统计结果,考虑了裂隙分布的随机性,建立了油库围岩随机分布裂隙网络模型。基于流-固耦合理论,采用离散元分析了不同水幕压力条件下,洞室开挖后各主洞室附近孔隙水压力分布以及涌水量情况,得出在水幕压力大于或等于 75kPa 时,裂隙水压力方可满足洞库水封要求。

第7章 水幕系统设计与连通性分析

由于地下水封石洞油库建设技术在我国刚刚起步,水幕系统设计理念和方法还不成熟。本章结合大型地下水封石洞油库工程,研究水幕系统设计原则与连通性判断方法,分析水文地质条件对水封方式选用、水幕系统布置和水幕连通性测试的影响,并根据现场试验结果,提出改进的连通性测试方法,为地下水封石洞油库水幕系统设计提供重要依据。

7.1 水幕系统设计原则

7.1.1 水幕系统布置方法

1. 设置水幕系统原因

地下水封石油洞库的储油功能建立在以下三个基础条件上:①石油密度小于水;②石油遇水不分解,不溶解;③洞库周围水压大于洞内油压。其中前两个条件是石油的物理化学性质天然具备的,而第三个条件有赖于工程具体条件。地下水封石洞油库密封是通过地下水往洞内渗透实现的,地下洞库必须建在稳定地下水位线以下适当深度,以保证洞库周围的地下水压力大于洞内储存介质的压力。

根据工程水文地质条件,可以选择自然水封或人工水封方式。自然水封即采用自然地下水进行储油的方式,适用于稳定水位高、地下水补给充沛地区;而人工水封方式则需采用人工施作水幕系统进行储油的方式,适用于稳定水位低、地下水补给贫乏地区使用。在具体工程实践中,水封方式的选用需通过工程水文地质条件评价。

2. 水幕孔布置方式

1) 原理与基本布置方式

水幕孔是水幕系统的核心组成部分。水幕孔应能最大限度地连接岩体中结构面,使得水幕系统的水能最大程度补给至洞库周围岩体,从而在库区周围形成一个稳定的地下水位,实现洞库密封性所需条件。因此,水幕孔布置方式与岩体中优势结构面产状密切相关。理论上,水幕孔布置方位与结构面垂直时,水幕孔补给效果最好。考虑到实际情况,工程实践中常采用以下几种基本的布孔方式

（如图 7.1 所示）：①水平布置；②竖直布置；③倾斜布置。图 7.2 为韩国 Pyung-taek 储气库水幕系统布置图，采用了水平布置方式。根据具体工程地质情况，有些洞库也采用水平布置和竖直布置两种方式复合的方法布孔。

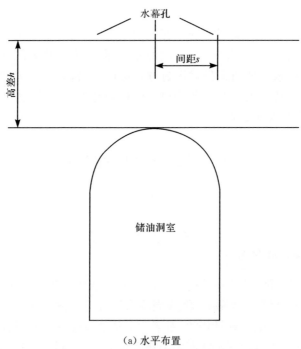

（a）水平布置

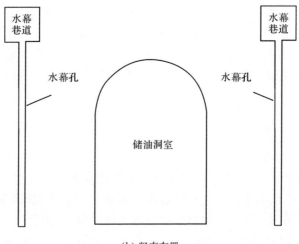

（b）竖直布置

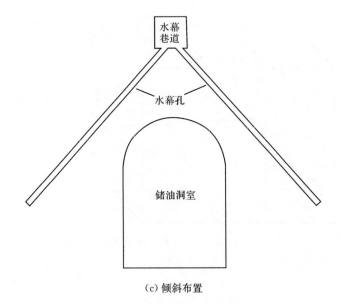

(c) 倾斜布置

图 7.1　水幕孔基本布置方式

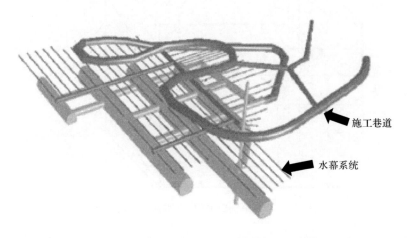

图 7.2　韩国 Pyungtaek 储气库水幕系统布置图

2) 不同布孔方式适用条件

若岩体中优势结构面倾角较陡(如图 7.3 所示),则水平向水幕孔可以最大限度地与结构面相连,从而起到充分补给洞库围岩的作用;相反,若岩体中优势结构面倾角较缓(如图 7.4 所示),则竖直向水幕孔可最大程度与结构面相连,起到补给洞库围岩的作用。若岩体中结构面倾角中等,则需考虑倾斜布孔或复合式布孔方案。

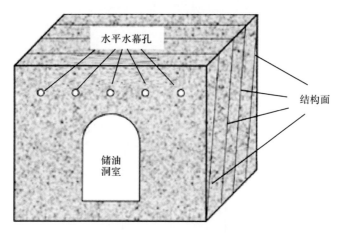

图 7.3　陡倾结构面条件下水幕孔布置方式

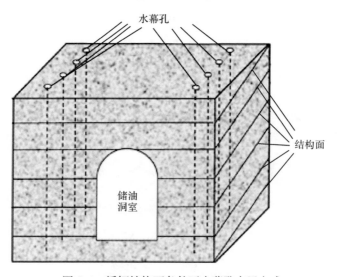

图 7.4　缓倾结构面条件下水幕孔布置方式

　　表7.1 为国内外部分地下水封石洞油库总览表。表7.1 中列出了挪威、希腊、韩国、中国、日本五个国家地下水封石洞油库基本情况。储存物主要含压缩空气、液化石油气、原油等。水幕孔布置方式含有倾斜、水平和水平与竖直结合三种方式。表中挪威两个地下水封石洞油库建造时间较早（TorPa 建成于 1989 年，Rafnes 建成于 1977 年），希腊、韩国、中国和日本石洞油库均晚于挪威两个石洞油库建造时间。表 7.1 中着重对比了使用水平向水幕孔的地下水封石洞油库水幕孔设计参数[111~119]。从表 7.1 中可以看出，本文所依托工程与韩国 U-2 规模相当，设计参数接近。

表 7.1　国内外部分地下水封石洞油库总览表

石洞油库位置	储存物	容积/万 m³	岩性	水幕孔间距/m	水幕孔长度/m	与储室高度差/m	布置方式	备注
挪威 TorPa	压缩空气	1.4	泥砂岩	—	—	—	倾斜	
挪威 Rafnes	液化石油气	10	花岗岩	—	—	—	倾斜	
希腊 Perama	汽油、石油	20	灰岩	20	约50	12	水平	
韩国 Pyongtaek	液化石油气	22.4	片麻岩	10	100~120	25	水平、竖直	扩建工程
韩国 K-1	汽油	23.1	花岗岩	12	100~120	15	水平	
韩国 L-1	液化石油气	30	安山岩	10	100~110	25	水平	
韩国 U-2	原油	429.3	闪长岩	7,14	110	20	水平	
中国汕头	液化石油气	20.6	花岗岩	10	100	20	水平	
中国珠海	液化石油气	40	花岗岩	10	32~79	31.2	水平	
中国宁波	液化石油气	50	凝灰岩	10	100	10	水平	
中国青岛*	原油	300	片麻岩	10	97,110	25	水平	
日本 Kuji	原油	175	花岗岩	—	—	—	—	设置了水幕系统,参数不详
日本 Kikuma	原油	150	花岗岩	—	—	—	—	设置了水幕系统,参数不详
日本 Kushikino	原油	175	安山岩	—	—	—	—	部分水封

* 本书所依托工程。

3. 现行规范要求

《地下水封石洞油库设计规范》(GB 50455—2008)规定,洞罐上方宜设置水平水幕系统,必要时,在相邻洞罐之间或洞罐外侧应设置垂直水幕系统。并对水幕系统的布置做出具体规定:

(1) 应满足洞库设计稳定地下水位的要求。

(2) 水平水幕系统中,水幕巷道尽端超出洞室外壁不应小于 20m,水幕孔超出洞室外壁不应小于 10m。垂直水幕系统中,水幕孔的孔深应超出洞室底面 10m。

(3) 水幕巷道底面至洞室顶面的垂直距离不宜小于 20m。

(4) 水幕巷道断面形状宜采用直墙拱形,断面大小应满足施工要求,跨度及高度不宜小于 4m。

(5) 水幕孔的间距宜为 10~20m,水幕孔的直径宜为 76~100mm。

水幕系统的设置是为了确保水封洞库的水封压力长期稳定,水幕系统的具体做法是根据经验提出的。关于水幕系统的设置,目前学术上还存在争论,早期的水封洞库一般都没有设水幕系统,但随着规模的扩大和可靠性要求的提高,近期的大型水封洞库都设置了水幕系统。

7.1.2　依托工程水幕布置方法

为了确定本工程地下水封石洞油库水封方式,对库区水文条件进行了评价。评价分以下两个方面:①地下水赋存情况调查;②稳定水位预测。

根据水文地质情况调查,库区地下水以孔隙潜水和裂隙潜水形式赋存。孔隙潜水赋存于表层第四系松散地层中,而裂隙潜水可分为浅层的网状裂隙水和深层的脉状裂隙水。孔隙潜水与浅层网状裂隙水接受大气补给,但由于地势较陡,降水入渗补给地下水量相当少(入渗系数仅为 0.073)。深层脉状裂隙水主要赋存于断层破碎带内,总体水量较少。库区地下水以大顶子至灵雀山一线作为分水岭,向南北两侧流动。因地下水水力梯度较大,地下水径流较通畅。由于缺少稳定的地下水补给来源,因此,洞库建成后地下水自然补给量十分有限。

为了准确预测依托工程稳定水位,在详细勘察地质资料和室内试验基础上,我们采用了等效连续介质理论和地下水动力学在内的多种方法对洞库自然水封条件下水位变化情况进行了研究。研究结果均显示洞库长期运营条件下洞库周围水力梯度小于 1,不能满足洞室水封要求,故需采用人工水幕方式确保洞库的水封性。

根据工程详细勘察阶段地质资料,库区周围主要发育有四组结构面:第一组产状为 65°~75°∠70°~80°;第二组产状为 83°~88°∠75°~82°;第三组产状为 112°∠56°;第四组产状为 136°~143°∠74°~85°。水幕巷道内倾角大于 60°的陡倾结构面约占总数的 67%。因此,洞库水幕巷道高程处围岩结构面多为陡倾,结构面产状与图 7.5 所示情况类似。在此条件下,采用水平向水幕孔是适合的。为保证水封效果,水幕孔长度超出洞室范围 10m。

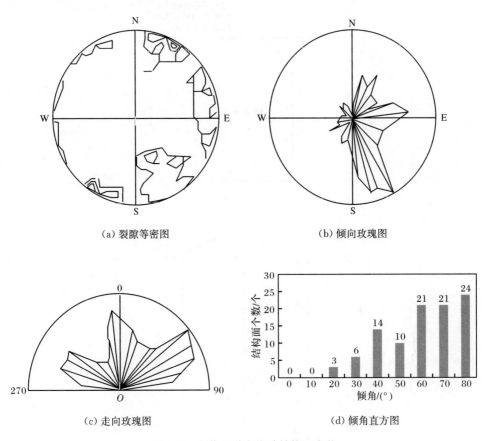

（a）裂隙等密图　　　　　　　　（b）倾向玫瑰图

（c）走向玫瑰图　　　　　　　　（d）倾角直方图

图 7.5　水幕巷道内统计结构面产状

地下水封石洞油库设计储存压力为 0.1MPa,理论上水幕系统至少高于主洞室拱顶 10m。为安全起见,水幕孔与主洞室间距增至 26.5m,确保石洞油库不泄露,水幕孔间距初步设计为 10m,如图 7.6 所示。在具体的实施过程中,根据下节介绍的水幕孔连通试验测试的结果进行调整。

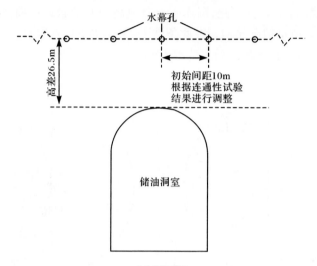

（a）剖面图

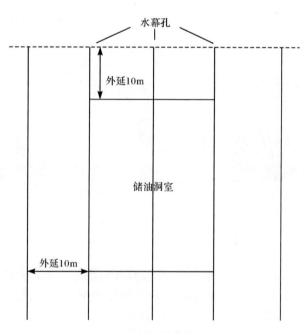

（b）平面图

图 7.6　工程水幕孔设计示意图

7.2 连通性测试方法

为便于进行试验,依次将洞罐分为 ABC 三个区,现场试验过程中将整个水幕系统进行分区测试,本节选取 A2 区水幕孔注水-回落试验和有效性试验进行分析。

7.2.1 试验设备及步骤

本区水幕孔长度为 94.5m,孔径为 120mm。钻孔设备选用英格索兰 MZ165 型锚索钻机,配备了高锰钢材质钻杆。钻孔过程中为提高钻机定位精度,增加了侧向、后向液压支撑装置以及数显调平装置。根据成孔后测量结果,水幕孔竖向偏差不大于 5m。水幕孔试验设备主要包括孔口橡胶栓塞,压力表、流量计和相关管路及闸阀,如图 7.7 所示。压力表精度为 0.05MPa,流量计精度为 0.1L。

图 7.7 现场连通性测试系统

为了测试水幕孔之间的连通性,需开展单孔注水-回落试验和分区有效性试验。单孔注水-回落试验用于测试水幕所在位置初始静水压力,而分区有效性试验则用于测试分区内水幕孔之间的连通性。其中,单孔注水-回落试验获得的初始静水压力将作为分区有效性试验的依据。

7.2.2 单孔注水-回落试验

单孔在成孔后,尽快进行注入-回落试验。试验主要步骤为:
(1) 孔内注水,注满后关闭栓塞,持续记录孔内压力,直至稳定。
(2) 对钻孔进行加压,所加压力为稳定孔内压力加上 0.3~0.5MPa,加压过程中记录压力和流量。

（3）停止注水，等待钻孔内自然回落，记录孔内压力。

7.2.3　分区有效性试验

在完成单孔注水-回落试验后，应开展分区有效性试验，试验由三个阶段组成：

第一阶段：第一个水动力状态（偶数孔为加压孔，奇数孔为观测孔）。

关闭奇数孔阀门，打开偶数孔阀门加压。记录偶数孔的压力和流量，直到压力稳定。

第二阶段：水压力恢复状态。

关闭偶数孔阀门，恢复偶数孔内水压力。

第三阶段：第二个水动力状态（奇数孔为加压孔，偶数孔为观测孔）。

打开奇数孔阀门加压，记录奇数孔的压力和流量，直到压力稳定。

在完成上述两个试验后，根据试验结果判断水幕孔连通性情况，并对不连通区域增加水幕孔。

7.3　连通性分析

7.3.1　注水-回落试验结果与分析

据试验数据分析，可将注水-回落曲线分为以下三种类型：

（1）A型曲线回落压力为零（如图7.8（a）所示）。此类水幕孔孔壁围岩节理裂隙发育，透水能力强，在回落阶段，水快速渗流至岩体，引起压力下降为零。

（2）B型曲线回落压力为小于注水压力，但不为零（如图7.8（b）所示）。此类水幕孔孔壁围岩节理裂隙较发育，透水能力较强，在回落阶段，水快速渗流至岩体，引起压力下降。

（3）C型曲线回落压力等于注水压力（如图7.8（c）所示）。此类水幕孔孔壁完整性良好，不透水，注水阶段压力上升时间短，速度快，在回落阶段压力基本无变化。

在水幕孔成孔及注水回落试验过程中，水幕孔所在位置水压力变化过程如图7.9所示，包括四个阶段。未开挖条件下水幕孔所在位置水压力为初始静水压力；水幕孔开挖后，扰动了原来的地下渗流场的分布，水幕孔所在位置水压力降为零，水幕孔附近区域水压力分布不规律，距离水幕孔较远，未受开挖影响区域水压力按静水压力分布；水幕孔注水后，水幕孔的水压力超过初始静水压力；注水阶段完成后，水幕孔水压力回落，直至达到稳定状态，稳定之后的水压力又重新恢复到了初始静水压力。因此，水幕孔最终回落的恒定水压力即为初始静水压力。

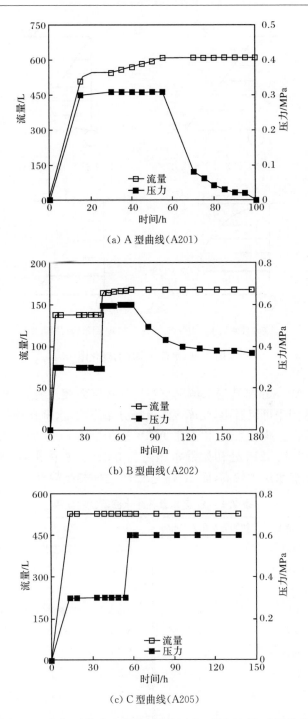

(a) A 型曲线（A201）

(b) B 型曲线（A202）

(c) C 型曲线（A205）

图 7.8　注水-回落试验典型水幕孔压力-时间、流量-时间关系

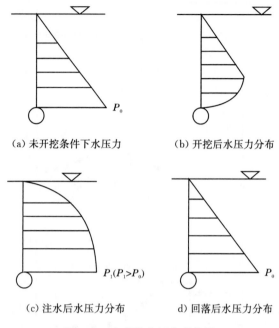

(a) 未开挖条件下水压力　　　　　(b) 开挖后水压力分布

(c) 注水后水压力分布　　　　　d) 回落后水压力分布

图 7.9　水幕孔水压力变化图

　　表 7.2 为 A2 区水幕孔透水情况与初始静水压力表。图 7.10 为初始静水压力分布情况,从图中可以看出,受库区渗流场分布影响,水幕孔处静水压力分布表现出不均匀与不连续特征。水幕孔 A210 初始静水压力最大,为 0.6MPa,而 A201、A213、A214、A215 处初始静水压力为 0MPa。总体来看,水幕孔 A202~A212 之间初始静水压力较高,而 A213~A215 之间初始静水压力为零。

表 7.2　A2 区水幕孔注水回落试验结果

编号	透水情况	初始静水压力/MPa	编号	透水情况	初始静水压力/MPa
A201	透水	0	A211	不透水	0.47
A202	透水	0.37	A212	透水	0.31
A203	不透水	0.27	A213	透水	0
A204	透水	0.12	A214	透水	0
A205	不透水	0.57	A215	透水	0
A206	不透水	0.59	A216	透水	0.43
A207	透水	0.12	A217	透水	0
A208	透水	0.36	A218	透水	0.55
A209	不透水	0.55	A219	透水	0.05
A210	不透水	0.60	A220	透水	

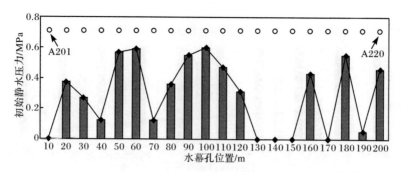

图 7.10　A2 区初始静水压力分布

7.3.2　有效性试验结果与分析

图 7.11 和图 7.12 为 A2 区有效性试验结果。图 7.11 为 A2 区第一水动力状态时各个水幕孔压力情况。在第一水动力状态,偶数孔为加压孔,奇数孔为观测孔。试验中,偶数孔施加水压力为 0.6MPa,观测奇数孔压力变化情况。试验显示:A207、A215、A217、A219 水幕孔压力上升,而 A201、A203、A205、A209、A211、A213 中水压力保持不变。四个压力上升孔的增压均在 0.4MPa 以上。

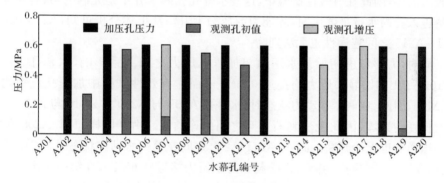

图 7.11　第一水动力状态时水幕孔压力情况

图 7.12 为 A2 区第二水动力状态时各个水幕孔压力情况。在第二水动力状态,奇数孔为加压孔,偶数孔为观测孔。试验中,奇数孔施加水压力为 0.6MPa,观测偶数孔压力变化情况。试验显示:A208、A212、A214、A216 水幕孔压力上升,而 A202、A204、A206、A210、A218、A220 中水压力保持不变。其中,水幕孔 A208 增压最小,为 0.1MPa,其他 3 个水幕孔增压在 0.4MPa 左右。

7.3.3　连通性判断

水幕连通性判断应综合单孔-注水回落试验和分区有效性试验进行。

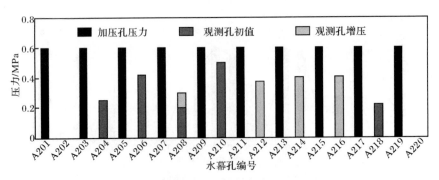

图 7.12　第二水动力状态时水幕孔压力情况

　　对某些水力联系较明显的水幕孔,可直接根据有效性试验结果,相邻水幕孔之间连通性。若相邻两个水幕孔在分区有效性试验两个水动力状态下相互之间均有水力联系,则两个孔之间是连通的。根据图 7.11 和图 7.12 可以判断出:A207-A208、A215-A216、A216-A217、A218-A219 是连通的。

　　对于相邻水幕孔初始静水压力均为零情况需特别关注。在两个水动力状态,水幕孔 A213、A214、A215 中观测孔中水压均没有上升。由于这些水幕孔孔壁围岩较为破碎,因此在有效性试验中,这些水幕孔孔内水并不是充满的,只有相邻孔渗透进入孔内水量足够大时,才能引起压力上升。从上述分析可知,A213-A214、A214-A215 之间连通性也无法判断。

　　同时,需要考虑初始静水压力与加压孔压力之间关系影响,水幕孔 A209、A210、A211 初始静水压力均接近 0.6MPa,而在有效性试验中加压孔压力均为0.6MPa,因此,在两个水动力状态时,水幕孔 A209 与 A210 及 A210 与 A211 之间水力梯度约为零,因此无法判断相互之间的连通性。由于同样原因,A205-A206之间连通性也无法判断。此外,A211-A212 之间在第一水动力状态时,A212 为加压孔,A211 为观测孔,由于 A212 初始静水压力接近 0.6MPa,在第一个水动力状态时,A212 与 A211 之间水力梯度较小,A211 没有观测到压力上升;在第二个水动力状态时,由于 A211 初始静水压力较低,A211 加压至 0.6MPa 后,A211 与A212 之间水力梯度变大,A212 观测到压力上升。因此 A211-A212 之间是连通的。

　　与此不同,若初始静水压力为零的水幕孔与初始静水压力不为零的水幕孔相邻的情况则可判断连通性。如水幕孔 A201 初始静水压力为零,而水幕孔 A202初始静水压力不为零,在有效性试验的第二个水动力状态时,A201 加压 0.6MPa,而水幕孔 A202 中压力不上升,因此,水幕孔 A201-A202 之间不具有连通性。

　　除此之外,由于在有效性试验中没有显示出水力联系,水幕孔 A202-A203、A203-A204、A204-A205、A206-A207、A208-A209、A212-A213、A217-A218、A219-

A220 之间是不连通的。表 7.3 为 A2 区水幕孔连通情况汇总表。

表 7.3　A2 区水幕孔连通性情况汇总表

连通情况	水幕孔编号
连通	A207-A208、A211-A212、A215-216、A216-A217、A218-A219
不连通	A201-A202、A202-A203、A203-A204、A204-A205、A206-A207、 A208-A209、A212-A213、A217-A218、A219-A220
不确定	A205-A206、A209-A210、A210-A211、A213-214、A214-A215

对于表 7.3 中不连通的水幕孔，需进行水幕孔加密，并重新测试连通性；对于表中连通性不确定的水幕孔，则需采用 7.3.4 节中介绍的测试方法确定连通性。

7.3.4　改进的测试方法

1. 特殊情况水幕孔有效性测试方法

1) 零初始静水压力水幕孔有效性测试方法

以 A213、A214、A215 为例，在第一水动力状态试验中 A214 孔的水压力一直为 0。若采用定流量方法，需要 A213 和 A215 中水大量渗透至 A214，才能使得 A214 中水压力上升。但岩体渗透系数普遍较低，实现上述条件需要极长时间。为了较快确定 A213-A215 是否存在水力联系，推荐采用定压力方法。如图 7.13 所示，先向 A214 孔注水，保持孔内压力为 0.1MPa，记录 A214 孔内单位时间内的流速变化；再向 A213、A215 孔内注水，保持孔稳定压力为 0.6MPa，然后观测 A214 孔内流速变化；若发现 A214 孔内注入流速减小，则说明 A213-A215 是连通的。

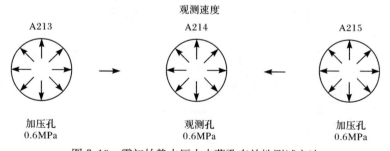

图 7.13　零初始静水压力水幕孔有效性测试方法

2) 高初始静水压力水幕孔有效性测试方法

以水幕孔 A209、A210、A211 为例，三个水幕孔初始静水压力分别为 0.55MPa、0.60MPa、0.47MPa，若在 A209 和 A211 仍施加 0.6MPa 压力，则两个孔压力增量仅有 0.13MPa，在此压力增量作用下，A209 和 A210 与 A211 的水力梯度偏小,A210 中水压力不会明显上升。此种条件下,可增加注水压力方法进行测试。如图 7.14 所示,向 A209、A211 孔内注水使水压力稳定在 0.8～1MPa,然后观测 A210 孔内压力变化;若发现 A210 孔内压力增大,则说明相邻孔之间是连通的。

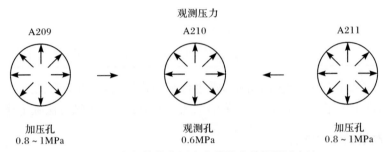

图 7.14　高初始静水压力水幕孔有效性测试方法

2. 改进的水幕连通性测试方法

根据上述分析,提出如下改进的水幕连通性测试方法(如图 7.15 所示):

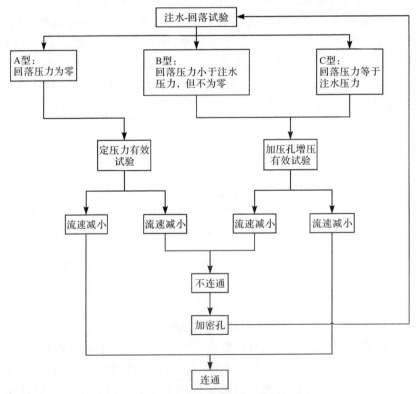

图 7.15　改进的水幕连通性测试方法流程图

　　单孔注水-回落试验，根据回落压力与注水压力关系，将水幕孔分为三类：A 型：回落压力为零；B 型：回落压力小于注水压力但不为零；C 型：回落压力等于注水压力。试验中注水压力要大于初始静水压力，初始静水压力可根据库区渗流场分布情况大体估算。

　　分区有效性试验。对 A 型水幕孔，采用定压力法测量其与相邻水幕孔连通性；对于 B 型和 C 型水幕孔，采用定流量测量其与相邻水幕孔连通性，测量时加压孔压力应高于初始静水压力 0.2～0.5MPa。根据流速与压力变化情况，判定连通性。对不连通部位，进行加密，并再次进行测试直至所有相邻水幕孔连通。

7.4　本章小结

　　本章依托我国首个大型地下水封石洞油库工程，系统研究了水幕系统设计原则与测试方法，分析了水文地质条件对水封方式选用、水幕系统布置和水幕连通性测试的影响，并根据现场试验结果，提出了水幕连通性判断方法和改进的连通性测试方法。主要结论如下：

　　（1）地下水封石洞油库水封方式的选择需充分考虑水文地质情况，并在此基础上对洞库水封条件进行详细分析。垂直水力梯度是判断洞库能否满足水封条件的重要参数，具体实施过程中需重点分析。

　　（2）水幕孔布置方位应最大程度连接岩体结构面，对于结构面产状以陡倾为主的围岩，应采用水平水幕孔，而对于以缓倾为主的围岩，应采用竖直水幕孔。

　　（3）由于岩体中节理裂隙的存在，地下水封石洞油库库区初始静水压力分布具有不均匀和不连续的特征。初始静水压力分布的不均匀、不连续性为判断水幕连通性带来困难。

　　（4）水幕连通性的判断应综合单孔注水试验与分区有效性试验结果，并考虑库区渗流场分布与变化规律对试验结果影响。改进的水幕连通性测试方法能适用于不同条件下水幕连通性测试。

第8章 施工期水封性风险评价与控制

虽然地下水封石洞油库具有占耕地少、安全、可靠、环保、使用寿命长等优点[118,119],但在其建设和运营中都难免存在不确定性因素,由于这些因素的存在,致使工程施工期水封性存在风险。本章主要从水文地质分类方法、工程风险概念及其发生机理、风险管理控制流程等方面对本工程水封性风险进行评价,为地下水封石洞油库施工期水封性风险控制提供依据。

8.1 水文地质分类方法

8.1.1 研究现状和意义

在地下洞室开挖的设计和施工过程中,必须对地下水流量进行准确评估。然而,在施工前,不能完全正确的预估隧道的渗水量,这是由于简化和不准确的估计岩体的渗透系数导致的结果。现在的研究如解析解和试验解只考虑了各向同性的地质条件。岩体作为一种自然产物,形成了一个复杂的渗透率各向异性的地质构造,其水力特性受很多因素的影响。事实上,目前的方法都是在保持其他因素恒定条件下研究个别因素的作用。因此,它们就不能充分估计岩体中隧道的渗水量。

本工程洞库选址在沿海花岗岩、熔结凝灰岩等优质稳定岩性地区。按照《工程岩体分级标准》(GB/T 50218—2014)[120]评价,一般为Ⅱ~Ⅲ级围岩,只有极少受断层影响区域是Ⅳ级。但是,在本工程施工阶段,监测到部分区域地下水位急剧下降,直接威胁到整个地下水封石洞油库运营期水幕系统的效用和安全,急需调整施工方法。

现行的岩体分级标准[120~124]都是以评价围岩稳定性为出发点,选用岩体坚硬度和岩体完整性作为基本评价指标,结构面产状、初始应力状态和岩体含水情况仅作为修正因素,为岩体稳定性评价服务。但是针对特殊工程,仅满足围岩稳定是不能满足工程需求的,需照顾工程的特殊性。大型地下水封洞库建设地区的岩体稳定性较好,控制地下水流场以保证人工水幕系统发挥作用且防止施工区域地下水位急剧下降就成为施工的关键。目前现行规范对这方面指导性不强,有必要针对大型地下水封洞库岩体水文地质分级方法做进一步研究,给施工提供更有针对性的建议。

本章针对所依托工程自身的特点,参考国内外多种岩体分级标准,综合权衡岩体质量和导水性的影响,将结构面连通率、张开度、产状及其与洞室轴线关系引入导水性评价标准,建立一种针对地下水流场评价的多指标岩体水文地质分级方法[125],为本工程的预注浆施工提供依据,以保证人工水幕系统的作用得到发挥和地下水封石洞油库的正常运营。

8.1.2　地下水封石洞油库水文地质分级方法

大型地下水封洞库施工期基于地下水流场控制的岩体分级方法研究,包括岩体质量评价研究和岩体导水性评价研究两个基本方面。岩体质量评价充分利用现行标准对围岩稳定性评价的成功经验,沿用岩体坚硬程度评价指标——岩石单轴饱和抗压强度 R_c 和点荷载强度 I_s,并综合考虑水封洞库大跨度、高边墙、不衬砌、施工扰动大的特点,引入洞室尺寸修正系数。岩体导水性评价,完善地下水流场评价体系,考虑岩体完整性的同时,将结构面连通率、张开度、优势结构面产状及其与洞室轴线关系纳入评价系统。基于流场控制的围岩分级技术路线图如图 8.1 所示。

评价参数力求与现行岩体分级标准相接轨,利用设计详勘阶段的地质勘察资料,注重现场实测性。在新奥法施工中,按照"动态设计、动态施工"的理念,监控量测和超前地质预报在施工期的作用日益凸显,其中,掌子面素描、超前地质预报对判别结构面状态、连通性、张开度及掌子面前方结构面发展趋势和含水情况起着重要作用。依据这些对已揭露围岩情况的反馈和前方岩体状态的预报,结合现场试验,对岩体质量、完整性及导水能力作出准确的判断,对地下水流场状态变化作出及时预测,为施工提供合理的建议。根据施工情况对岩体分级方法进行反馈,不断完善分级方法。

1. 岩体质量评价

岩体质量评价为施工期和运营期围岩稳定性服务,是岩体分级规范的核心内容。判别方法成熟,参数比较统一。南非地质力学分级法(rock mass rating,RMR)使用完整岩块单轴抗压强度、缪勒分类法根据岩石强度与节理间距作出等岩体强度线,《水利水电工程地质勘查规范》(GB 50287—2008)[124]、《铁路隧道设计规范》(TB 10003—2005)[121]、《公路隧道设计规范》(JTG D70—2014)[122]、《工程岩体分级标准》(GB/T 50218—2014)均采用岩石饱和单轴抗压强度 R_c 作为岩石坚硬程度的判别指标。

1) 岩体坚硬程度评价

施工阶段的岩体坚硬程度评价指标应更加注重现场实测性。点荷载强度测试是一种简单的可在工程现场进行的岩石强度试验,试验装置易携带,试件不需

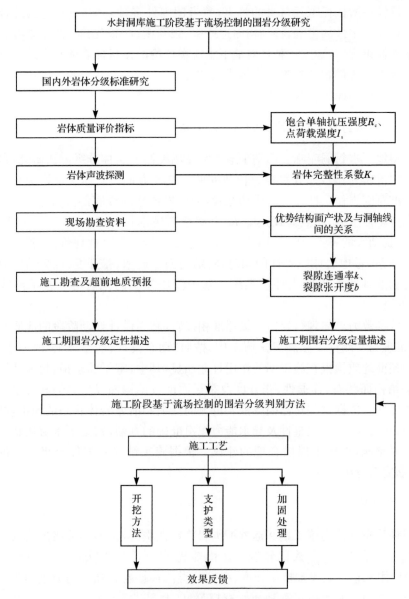

图 8.1　基于流场控制的围岩分级技术路线图

加工处理,在工程实际中得到广泛应用。国际岩石力学学会试验方法委员会和我国《工程岩体分级标准》(GB/T 50218—2014)中都指出,点荷载强度指标和岩石单轴抗压强度之间有着良好的相关性,并给出了相应的定量换算公式[126]:

$$R_c = 22.82\ I_{s(50)}^{0.75} \tag{8.1}$$

式中,

$$I_{s(50)} = I_s K_d K_{Dd}$$

式中，I_s 为非标准试件的点荷载强度指数，$I_s = p/d^2$，其中 p 为破坏荷载；K_d 为尺寸效应修正系数，当试件尺寸与标准试件一致时，$K_d = 1$；其他情况下，$K_d = 0.4905 d^{0.4426}$，其中 d 为非标准试件直径或最短边长，以 cm 计；K_{Dd} 为形状效应修正系数，$K_{Dd} = 0.3161 e^{2.303 \times \frac{1}{2}(\frac{D}{d} + \lg\frac{D}{d})}$。

根据强度指标，将岩石的坚硬程度分为 5 个级别，如表 8.1 所示。

表 8.1　强度指标与岩石坚硬程度的对应关系

坚硬程度	坚硬岩	较坚硬岩	较软岩	软岩	极软岩
$I_{s(50)}$/MPa	>10.5	10.5~4.0	4.0~1.5	<1.5	<1.5
R_c/MPa	>60	60~30	30~15	15~5	<5

注：①对于软岩，压头压入岩石不能产生劈裂破坏，点荷载强度不适用；②两种强度指标选择一种进行判别即可，视现场资料情况而定。

2) 洞室尺寸修正系数

大跨度、高边墙是大型地下水封洞室的特点，与一般矿山巷道和隧道不同的是，水封洞库工程一般要求不衬砌。洞室在施工阶段一般采用多层次、多断面开挖。每层开挖过程中，由于横断面非常大，岩体要经历多次扩挖、多次爆破损伤和临近掌子面的施工扰动。爆破次数和爆破强度与洞室尺寸是直接相关的。综合考虑大跨度、高边墙、频爆破、多扰动对岩体质量的影响，引入洞室尺寸修正系数 K_s。按照设计要求，将洞室尺寸修正系数分为 4 个级别，如表 8.2 所示。

表 8.2　洞室尺寸修正系数 K_s

定性描述	洞室小；扰动小	洞室较小；扰动较小	洞室较大；扰动较大	洞室大；扰动大
最大跨度/m	<5	5~10	10~20	>20
边墙高度/m	<5	5~15	15~30	>30
K_s	1.0	1.0~0.8	0.8~0.5	0.5

3) 岩体质量综合评价

岩体质量的评价分为岩体本身坚硬程度和施工损伤两个方面，分别用岩石单轴饱和抗压强度 R_c 和洞室尺寸修正系数 K_s 进行定量划分。两个因素相互作用的结果影响岩体的质量，故施工期岩体质量参数 R_m 采用乘积计算，其数学表达式为

$$R_m = R_c K_s \tag{8.2}$$

岩体质量的判别采用定性描述和定量划分相结合的方法，依据 R_m 将岩体质量分为 5 个等级，并对岩体质量进行评分 R_q，如表 8.3 所示。

表 8.3 岩体质量的定性定量判别

岩体质量级别	岩体质量描述	R_m/MPa	评分 R_q
I	洞室小,扰动小,坚硬岩,整体结构	>60	40~35
II	①洞室较小,扰动较小,中硬岩,整体结构 ②洞室较小,扰动较小,坚硬岩,块状结构	60~45	35~25
III	①洞室较大,扰动较大,较软岩,整体结构 ②洞室较大,扰动较大,中硬岩,块状结构 ③洞室较大,扰动较大,镶嵌碎裂结构或有软弱夹层的坚硬岩	45~20	25~15
IV	①洞室大,扰动大,软岩,整体结构 ②洞室大,扰动大,较软岩,块状结构 ③洞室大,扰动大,坚硬岩,层状碎裂结构 ④洞室大,扰动大,软硬岩互层结构	20~5	15~5
V	散体结构或 R_c<5MPa 特软岩	<5	5~0

注:如缺少 R_c 资料,可根据表 8.1 中 R_c 与 I_s 的对应关系判断。

2. 岩体导水性评价

大型地下水封洞库基于地下水流场控制的施工期岩体分级的关键在于对岩体导水性的评价。地下水作为修正指标,已经在多种分级标准中应用。但是,评价指标一般选用对未施加衬砌洞室出水状态的定性描述或出水量的定量划分,总体来说,描述较为笼统,指标实测性不强。更重要的是,仔细分析多种岩体分级标准对地下水修正办法,可以看出,坚硬岩和完整性好的岩体,地下水因素的修正非常小,对松散破碎岩体和软岩的修正较明显,所做修正完全为岩体稳定性服务。

本方法的目标是对工程范围内岩体的导水性进行判别,重点是评价影响地下水流场分布和岩体渗透性的因素。很多学者已经对岩体渗流的影响因素进行研究,本文作者在前人研究成果基础上,根据现场实测性,提出用岩体完整性系数、结构面连通率、张开度、优势结构面产状及其与洞室轴线的位置关系对岩体导水性进行评价。

1) 岩体完整性判别

岩体完整性系数 K_v 是在参考各类岩石纵波波速等参数的基础上提出的,岩体的纵波波速不仅与岩石的矿物组成有关,更是岩体结构面发育程度、结构面性状、结构面填充情况、岩体含水状态的综合反映,是一项能定量表征岩体物理力学性质的综合性指标。

岩体完整性系数通过声波探测技术测定。声波勘测技术于 20 世纪 70 年代在工程勘察领域得到推广应用,具有技术先进,操作简便,测量范围大,适用于工程各个阶段等优点。岩体完整性系数由下式确定:

$$K_{\text{v}} = \left(\frac{V_{\text{Pm}}}{V_{\text{Pr}}}\right)^2 \tag{8.3}$$

式中,V_{Pm} 为岩体的纵波波速,m/s;V_{Pr} 为岩石的纵波波速,m/s。

对岩体完整性的定性描述和定量划分,如表 8.4 所示,依据 K_{v} 值将岩体完整性分为 5 个等级。

表 8.4 岩体完整性判别

岩体完整性描述		完整	较完整	较破碎	破碎	极破碎
K_{v}		>0.75	0.75~0.55	0.55~0.35	0.35~0.15	<0.15
评分	硬岩	20~16	16~12	12~8	8~4	<4
	软岩	16~12	12~9	9~6	6~2	<2

注:硬岩指 R_{c}>30MPa 的岩石;软岩指 R_{c}≤30MPa 的岩石。

由表 8.4 可以看出,完整性较好的硬岩,呈整体状结构,节理裂隙不发育,结构面连通性差,岩体的导水性小,最高评分为 20 分。随着完整性的劣化,岩体逐渐破碎,地下水的渗流通道逐步完整,流场范围不断扩大,岩体的导水性增强,完整性级别相应降低。软岩在水的作用下,岩体质量损伤较大,裂隙扩展贯通,导水性发展较快,完整性适当折减。

2)结构面连通率判别

岩体结构面是构造应力的产物,是岩体中断层面、层理面、节理、裂隙等不连续面的总称。岩体中的不同结构面交切组合、相互连通,构成地下水的渗流通道。结构面连通率是反映结构面延伸程度和连通状况的一个重要参数,对评价工程岩体的渗透性起着关键的控制作用。几何定义为岩体结构面在延伸方向上连通段长度之和与其延伸总长度的比值:

$$K_{\mu} = \frac{l}{l+i} \tag{8.4}$$

式中,l 为结构面长度;i 为岩桥段长度。

结构面连通率研究一直是工程地质和岩石力学领域的重点和难点。连通率的分析有三种方法:一是现场调查法,即从定义和工程意义出发,通过地质勘探揭露直接进行现场测量,接近工程实际,简单方便,但仅根据揭露面判断,有一定的片面性;二是概率模型估计法;三是网络模拟法,这两种方法都是基于一定假设的模拟方法,与实际有一定差距。对于施工阶段的连通率判别,现场实测、原地判别是最合理的研究方法。在新奥法施工中,越来越重视监控量测和超前地质预报的作用,其中,掌子面素描和超前地质预报不仅能对已揭露围岩情况进行反馈,更能对掌子面前方结构面的发展情况作出预报,为结构面状态及连通性的判别提供重要依据。

依据对结构面连通率的综合分析,分 5 级对其进行定性描述和定量划分,如

表 8.5 所示。

表 8.5　结构面连通率的定性定量判别

结构面连通性描述		低	较低	较高	高	极高
K_μ/%		<20	20~35	35~50	50~80	>80
评分	硬岩	15~12	12~9	9~6	6~3	<3
	软岩	12~10	10~8	8~5	5~2	<2

注：硬岩指 R_c>30MPa 的岩石；软岩指 R_c≤30MPa 的岩石。

结构面连通率低时，岩体中没有形成完整的渗流通道，渗透性差，地下水补给范围小，洞室开挖对地下水流场影响很小。随着结构面连通率增大，地下水渗流通道逐渐完善，补给范围扩大，受施工影响的地下水网范围增大，结构面连通性评价级别降低。软岩在水的长期作用下，岩体质量逐渐劣化，结构面扩展贯通，渗透性增大，评价指数适当折减。

3) 结构面状态判别

结构面的状态对岩体的渗透性有明显影响，其中结构面的张开度和填充类型的作用尤为明显。结构面的张开度是衡量渗透性的重要指标。在描述裂隙渗流的 Navier-Stocks 方程中，单宽流量与裂隙张开度的三次方成正比，印证了结构面张开度对岩体渗流的重要影响。张开结构面的填充物性质不同，渗透性也有很大差距。

结构面状态可根据施工期的地质勘察、掌子面素描确定。根据结构面的张开度和张开结构面填充物性质，对结构面状态进行判别，如表 8.6 所示。

表 8.6　结构面状态的定性定量判别

结构面张	闭合	部分张开	微张开			张开		
开度/m	<0.1	0.1~0.5	0.5~17.0			>17.0		
填充物	无	无	铁硅质	岩屑砂砾	钙质泥质	铁硅质	岩屑砂砾	钙质泥质
评分	10	10~8	8	7~5	4~2	5	4~2	<2

结构面闭合或部分张开时，地下水渗流过程阻力较大，渗透性小。张开结构面的渗流通道比较畅通，但填充物对渗透性的影响作用显著。铁质硅质胶结物填充的结构面，填充密实，强度高，抗水性好，渗透性小；岩屑、砂砾等粗粒填充时，密实度较差，渗透性较大；钙质泥质填充物，抗水性差，易软化崩解，渗透性强。

4) 优势结构面产状判别

岩体的渗透性有明显的各向异性，地下水的渗流方向与优势结构面的产状密切相关。优势结构面的倾角直接影响开挖洞室中渗透水压及地下水流场的补给形式；结构面走向与洞室轴线夹角控制着结构面对洞室的影响规模和地下水流场受影响的范围。结构面倾角 β 和结构面走向与洞室轴线夹角 α 是工程中地下水流场分析的重要参数。

结构面产状统计方法很多,常用的是图形分析法和模糊聚类法。图形分析法有玫瑰花图、极点图和等密度图;模糊聚类法有模糊等价聚类法、模糊软划分聚类法及综合模糊聚类法,还有将图形分析法和模糊聚类法相结合的综合分析方法。每种方法各有优缺点,对于施工阶段的动态岩体分级,参数更讲究现场实测性,应对已揭露围岩进行地质素描,采用图形分析法统计,结合新奥法施工中的超前地质预报,分析掌子面前方结构面走势,对结构面产状进行综合分析。

结构面倾角对地下水流场影响显著,但影响规律与其对围岩稳定性影响有所不同。稳定性评价中,高倾角结构面是有利的,但是高倾角结构面的渗流水压较大,沿埋深方向影响范围大,容易形成补给漏斗,破坏地下水流场且较难恢复;结构面倾角较小时,对稳定性不利,但是水压较小,对流场的影响仅局限在一个层面,地下水对该层面补给均匀,不会破坏整个流场。结构面走向与洞室轴线的夹角 α 对流场控制起重要作用。当结构面走向与洞室轴线大角度相交时,洞室仅横穿地下水流场的一个主要通道,对流场影响范围较小,施工处理比较简单;当结构面走向与洞室轴线接近平行时,洞室纵穿主要导水面,对流场影响范围非常大,整个洞室都受导水结构面影响,施工处理困难。

基于上述分析,对优势结构面产状进行定量判别,如表 8.7 所示。

表 8.7　优势结构面产状的定量判别

β ＼ α	90°~60°	60°~30°	<30°
90°~70°	11~10	6~5	<3
70°~25°	13~11	8~6	4~3
<25°	15~13	10~8	5~4

5) 岩体导水性综合判别

控制岩体导水性的四个因素相互间没有明显的制约关系,对岩体导水性的影响保持着各自的独立性。因此,进行综合判别时,导水性判别系数采用表达式为

$$R_{\mathrm{p}} = K_{\mathrm{v}} + K_{\mathrm{j}} + K_{\mathrm{\mu}} + K_{\mathrm{w}} \tag{8.5}$$

式中,R_{p} 是岩体导水性综合评分;K_{v} 是岩体完整性评分;K_{j} 是岩体结构面产状评分[127~130];$K_{\mathrm{\mu}}$ 是结构面连通性评分[131,132];K_{w} 是结构面状态评分[133~137]。

岩体导水性的判别采用定性描述和定量划分相结合的方法,依据 R_{p} 将岩体导水性分为 5 个等级,如表 8.8 所示。

表 8.8　岩体导水性的定性定量判别

岩体导水级别	岩体导水性描述	R_p
Ⅰ	岩体完整,结构面闭合,连通性低,优势结构面与洞轴线大角度相交	60～50
Ⅱ	岩体较完整,结构面闭合或部分张开,连通性较低,优势结构面与洞轴线相交角度较大,倾角较小	50～40
Ⅲ	①岩体较破碎,结构面闭合或部分张开,连通性较高,优势结构面与洞轴线相交角度较大,倾角较大 ②岩体较破碎,结构面微张开,铁质硅质填充,连通性较高,优势结构面与洞轴线相交角度较大,倾角较大	40～25
Ⅳ	①岩体破碎,结构面闭合或部分张开,连通性高,优势结构面与洞轴线相交角度较小,倾角较大 ②岩体破碎,结构面微张开,粗粒或泥质填充,连通性高,优势结构面与洞轴线相交角度较小,倾角较大 ③岩体破碎,结构面张开,连通性高,优势结构面与洞轴线相交角度较小,倾角较小	25～10
Ⅴ	岩体极破碎,结构面张开,连通率极高,结构面走向与洞轴线接近平行	10～0

3. 水封洞库施工阶段岩体分级

考虑到大型地下水封洞库工程的特殊性,施工阶段的岩体分级在考虑岩体质量的基础上,更侧重于对地下水流场控制的评价。因此,适当降低判别标准中岩体质量的权重,更全面的考虑影响地下水流场的多种因素,提高岩体导水性评价的权重。基于流场控制的岩体评价指数 WQ 计算式为

$$\text{WQ} = R_q + R_p = R_c K_s + (K_v + K_j + K_\mu + K_w) \tag{8.6}$$

依据 WQ 将岩体分为 5 级,相关参数及描述如表 8.9 所示。

表 8.9　岩体分级评价表

岩体级别	定性描述		开挖后状态	WQ
	岩体质量	岩体导水性		
Ⅰ	洞室小,坚硬岩,整体结构	岩体完整,结构面闭合,连通性低,优势结构面与洞轴线大角度相交	岩体稳定,围岩干燥	100～85
Ⅱ	洞室较小,扰动较小,硬岩,整体—块状结构	岩体较完整,结构面闭合或部分张开,连通性较低,优势结构面与洞轴线相交角度较大,倾角较小	较稳定,长时间暴露可能局部掉块,局部渗水	85～65
Ⅲ₁	洞室较大,扰动较大,整体—块状结构,较软岩	岩体较破碎,结构面部分微张开,连通性较高,铁硅质填充,优势结构面与洞轴线相交角度较大,倾角较大	无支护会发生小塌方,多处渗水,局部淋雨状滴水	65～55

级别	定性描述		开挖后状态	WQ
	岩体质量	岩体导水性		
III₂	洞室较大,扰动大,镶嵌碎裂结构或有软弱夹层,较软岩	岩体较破碎,结构面微张开,钙质泥质填充,连通性较高,优势结构面与洞轴线相交角度较大,倾角较大	无支护会发生小塌方,施工扰动可能造成大塌方,渗水,多处淋雨状滴水	55~40
IV	洞室大,扰动大,层状碎裂结构坚硬岩,块状结构软岩或软硬岩互层结构	岩体破碎,结构面微张开—张开,粗粒或泥质填充,连通性高,优势结构面与洞轴线相交角度较小	无支护时可能发生大塌方,侧壁稳定性差,多处淋雨状滴水,局部高水压渗水	40~15
V	散体结构或 $R_c <$ 5MPa 特软岩	岩体极破碎,结构面张开,连通率极高,结构面走向与洞轴线接近平行	围岩无自稳能力,拱部和侧壁均易大范围塌方,多处有高水压渗水,水源持续不断	15~0

    基于地下水流场控制的施工期岩体分级方法采用定性描述和定量划分相结合的方式,定性描述简单清晰,定量划分参数物理意义明确。相关参数与现行岩体分级标准相接轨,注重现场实测性。基于流场控制的岩体评价指数 WQ 采用百分制判别,描述围岩的稳定性,洞室的渗渗水状态,水压,水源补给等,根据水封洞室施工安全和运营稳定的要求,对岩体质量和导水性进行综合评价,为施工提供指导性意见。

8.1.3 工程应用

    本节以 3 号主洞室为例,基于地下水流场控制的施工期岩体分类方法,根据超前地质雷达预报的分析结果,按照表 8.9 中的岩体分类情况对主洞室的围岩进行分析。下面为 3 号主洞室的分析结果。

    图 8.2(a)中可以看出探测范围内 0+174~0+158 围岩节理裂隙较发育,局部较破碎渗水,围岩稳定性较差。若按工程地质分类方法推断则围岩为 III₂ 类;由于该区围岩局部渗水,所以按水文地质分类方法推断该围岩为 IV 类。

    图 8.2(b)中可以看出探测范围内 0+210~0+202 范围内的围岩节理裂隙发育,岩体较破碎,局部渗水或滴水,围岩稳定性较差。按工程地质分类方法推断围岩为 III₁ 类;因该区围岩局部地区有集中出水点,按水文地质分类方法推断该围岩为 III₂ 类。

    从图 8.2(c)中可以看出 0+263~0+276 范围内的围岩节理裂隙较发育,岩体较破碎,围岩稳定性较差。若按工程地质分类方法推断则围岩为 III₂ 类;因该区围岩局部出现渗水或滴水,所以按水文地质分类方法推断该围岩为 IV 类。由于水文地质分类方法更侧重于对地下水渗透性的评价,所以在超前地质预报中围岩若存在渗水或滴水情况,按水文地质分类方法比工程地质分类方法推断的围岩类别低一类。

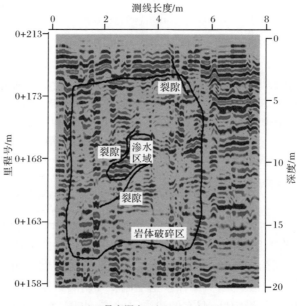

(a) 3 号主洞室 0+178～0+158

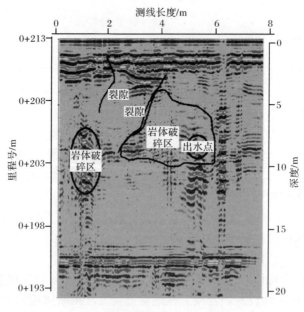

(b) 3 号主洞室 0+213～0+193

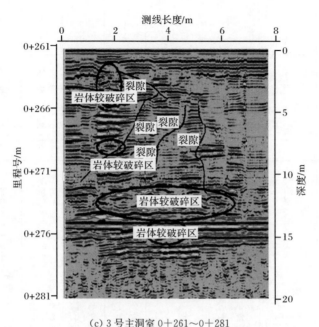

（c）3 号主洞室 0+261~0+281

图 8.2　3 号主洞室分析结果

在表 8.10 中分别按工程地质分类（《工程岩体分级标准》（GB/T 50218—2014）[120]）和水文地质分类（基于地下水流场控制的分类方法）的方法对 1~9 号主洞室围岩做出了评价。由于水文地质分类侧重于节理裂隙的产状和围岩的渗水情况，所以在表 8.10 中按水文地质分类得到的围岩级别要比工程地质分类低。如表 8.10 中 3 号主洞室 0+198~0+178 范围内的围岩按水文地质分类方法，根据超前预报结果，结合表 8.1~表 8.9，估算其岩体评价指数 $WQ=R_q+R_p$；由于洞室较大，扰动较大，则 R_q 取值为 15~25；因岩体较破碎，结构面走向与洞室轴线小角度相交且有破碎渗水区，所以 K_v 取值为 6~9，K_j 取值为 6~8，K_μ 取值为5~8，K_w 取值为 5~7，$R_q=K_v+K_j+K_\mu+K_w=22~32$，所以按水文地质分类为 III_2 类。

在工程实践中，经过反复试验，最终确定围岩水文地质分类为 IV 类及以下，则需进行超前注浆。

表 8.10　主洞室围岩类别对比表

主洞室桩号	施工勘察资料		超前地质预报		工程地质分类	水文地质分类	WQ
	工程地质	水文地质	围岩情况	渗水情况			
1号主洞室 0+025～0+000	未风化花岗片麻岩，节理发育，岩体较破碎，岩脉密集发育，围岩稳定性较差	流水、滴水、局部线状流水	裂隙数量较少，破碎区比重低于5%	无明显渗水或滴水	II类	II类	85～65
1号主洞室 0+048～0+023	未风化花岗片麻岩，节理发育，岩体较破碎，岩脉密集发育，围岩稳定性较差	流水、滴水、局部线状流水	裂隙数量较少，破碎区比重低于5%	无明显渗水或滴水	III$_1$类	III$_1$类	65～55
1号主洞室 0+076～0+051	未风化花岗片麻岩受F10断层影响，接触带岩体较破碎，围岩稳定性较差	流水、滴水、局部线状流水	裂隙数量较少，破碎区比重35%	无明显渗水或滴水	III$_1$类	III$_1$类	65～55
1号主洞室 0+100～0+075	未风化花岗片麻岩，裂隙较发育，局部岩脉入侵，接触带处岩体结合含差，洞段稳定性较差	潮湿、渗水	裂隙数量较少，破碎区比重低于5%	无明显渗水或滴水	III$_1$类	III$_1$类	65～55
1号主洞室 0+100～0+125			裂隙数量较少，破碎区比重低于5%	无明显渗水或滴水	III$_1$类	III$_1$类	65～55
1号主洞室 0+148～0+123	未风化花岗片麻岩，节理稍发育，岩体较完整，局部岩脉入侵，围岩稳定性一般—差	干燥，局部潮湿	裂隙数量较少，破碎区比重35%	无明显渗水或滴水	III$_1$类	III$_1$类	65～55
1号主洞室 0+146～0+166			裂隙数量较少，破碎区比重35%	无明显渗水或滴水	III$_2$类	III$_2$类	55～40
1号主洞室 0+168～0+198			裂隙数量较少，破碎区比重低于5%	无明显渗水或滴水	III$_1$类	III$_1$类	65～55

续表

主洞室桩号	施工期勘察资料		超前地质预报			工程地质分类	水文地质分类	WQ
	工程地质	水文地质	围岩情况	渗水情况				
1号主洞室 0+218～0+198	未风化花岗片麻岩,裂隙较发育,岩体较破碎,局部岩脉入侵,接触带处岩脉结合差,洞段稳定性较差	潮湿,渗水	裂隙数量较多,破碎区比重 25%	局部渗水或滴水		Ⅲ₁类	Ⅲ₂类	55～40
1号主洞室 0+233～0+258	未风化花岗片麻岩,节理精发育,岩体较完整,岩脉密集发育,围岩稳定性一般	干燥,局部潮湿	裂隙数量较少,破碎区比重低于 5%	无明显渗水或滴水		Ⅱ类	Ⅱ类	85～65
1号主洞室 0+285～0+310	未风化花岗片麻岩,节理精发育,围岩稳定性较差	干燥,局部潮湿	裂隙数量较多,破碎区比重 25%	无明显渗水或滴水		Ⅲ₁类	Ⅲ₁类	65～55
1号主洞室 0+310～0+335	未风化花岗片麻岩,节理精发育,岩体较破碎,围岩稳定性差	干燥,局部潮湿	裂隙数量较少,破碎区比重低于 5%	无明显渗水或滴水		Ⅲ₁类	Ⅲ₁类	65～55
1号主洞室 0+333～0+358	未风化花岗片麻岩,受 F3 断层影响,裂隙发育,围岩稳定性差	流水、滴水、局部线状流水	裂隙数量较多,破碎区比重 35%	局部渗水或滴水		Ⅲ₂类	Ⅳ类	40～15
1号主洞室 0+356～0+381	未风化花岗片麻岩,受 F3 断层影响,裂隙发育,围岩稳定性差	流水、滴水、局部线状流水	裂隙数量较少,破碎区比重 35%	无明显渗水或滴水		Ⅲ₂类	Ⅲ₂类	55～40
1号主洞室 0+381～0+406	未风化花岗片麻岩,裂隙较发育,岩体较破碎,围岩稳定性较差	干燥,局部潮湿	裂隙数量较多,破碎区比重 25%	局部渗水或滴水		Ⅲ₂类	Ⅳ类	40～15

8.2　水封性风险评价与控制

8.2.1　概述

根据世界各国地下工程的建设经验,建立风险管理制度、对风险因素进行风险评估与控制是十分必要的[138]。地下水封石洞油库是利用岩体密封性进行石油储备的一种方式。地下水封石洞油库是通过人工在地下岩体中开挖形成的,其功能的实现建立在以下两个条件上:①密封性,保证储存介质不泄露;②稳定性,保证储存空间安全。作为我国石油战略储备的一种新方式,由于地下水封石洞油库具有规模大、开挖面多、交叉作业频繁、地下水位控制要求严格等特点,且其功能的实现不但取决于地下结构的稳定性,更取决于洞库水封性,因此开展地下水封石洞油库施工期风险评价与控制研究具有重要的理论意义与应用价值。

具体到地下工程风险管理,已有研究多针对由于不确定因素引起的隧道等地下工程稳定性风险,而针对大型地下洞室群施工期安全风险的研究并不多见。地下水封油库具有的大规模、立体开挖、交叉作业和水位调控等特征,使得地下水封石洞油库风险评估具有独特性[139~141]。在本研究中,我们针对地下水封石洞油库施工期安全风险,开展了洞库施工期水封性安全风险评估研究,并结合我国首座大型地下水封石洞油库工程对研究结论进行了验证。研究中,开展了地下水封石洞油库风险因子识别,进行了风险因子重要性和发生概率调查;采用模糊数学方法,获得了各风险因子模糊权重集和模糊评价集,得到了各风险因子影响程度排序;介绍了依托地下水封石洞油库建设中典型水封性风险事故,分析事故发生的原因,对所得风险因子影响程度进行验证。研究结果可为提高地下水封石洞油库风险管理水平和降低工程建设风险提供有益支撑,并可进一步完善地下工程安全风险评估方法、丰富地下工程安全风险管理内容。

8.2.2　风险因子辨识

工程风险是指工程项目在规划、设计、施工及运营期等各个阶段可能遇到的不安全因素。风险的概念包括两个重要组成部分,即风险事件发生的可能性以及事件潜在的风险损失。通常风险函数可定义如下[142]:

$$R = f(p,c) \tag{8.7}$$

式中,R 为风险值;p 为该风险事件可能出现各类风险事故的概率;c 为该风险事件出现各类风险事故的后果指数。

具体到地下水封石洞油库,在洞室正常施工过程中,如果某种因素的存在足以导致承险体系统发生各类直接或间接损失的可能性,那么就称存在风险,而风险所引发的致使水封性能失效的后果就称为风险事故。

地下水封洞库工程施工期间,洞库水封性存在大量不确定因素。由于这些因素的存在,工程可能发生各类风险事故。一旦发生事故,就可能对整个工程的安全、进度、质量和周围环境等造成重大影响。风险辨识是工程风险管理的重要内容,是工程风险管理系统的基础。结合地下工程建设实际情况,一般按照工程进度划分为五个阶段,包括:规划阶段、工程可行性研究阶段、设计阶段、招投标阶段和施工阶段。本研究主要针对施工阶段洞库水封性风险管理相关内容,对风险因子进行辨识。

从技术角度来看,施工期安全风险主要来源于设计、施工、勘察等技术环节。在系统分析施工期安全风险类型、发生原因和系统筛选的基础上,综合国内外学者的理论研究和意见咨询,根据工程建设实际情况,辨识出地下水封石洞油库施工期安全主要风险因子。表 8.11 为洞库水封性风险因子。

表 8.11　水封性风险因子

风险来源	主要风险因子
结构	库址区降水量、洞室埋深、水幕巷道布置、水幕孔布置、水幕注水压力等
施工	爆破方案、锚杆布设方式、喷射混凝土厚度、注浆效果等
地质	水位、结构面密度、优势结构面产状、结构面张开度、断层破碎带等

8.2.3　风险因子重要性与发生概率

确定风险因子的重要性与发生概率是风险分析与评价工作中的重要内容之一。对地下工程施工期安全风险评价而言,由于地质条件的不确定性,引起了设计与施工技术方案的不确定性,因此施工期通常存在风险。由于地下水封石洞油库建设在我国刚刚起步,目前相关风险理论研究还不充分。为了评价风险因子的重要性与发生概率,我们开展了专家调查并进行分析。在调查中,根据 8.2.2 节中已识别的风险因子,根据水封性风险评价特征,设计了风险因子调查,邀请了从事地下水封石洞油库勘察、设计、施工、科研的相关人员,根据各自专业知识和经验,对各个风险因子的重要性及发生概率做出模糊判断。在表 8.12 中,将各个风险因子重要性分成了"非常重要、重要、一般和不重要"四个重要性级别,将各个风险因子引发水封失效的概率分成了"极高、高、一般和不高"四个级别。

经搜集整理,筛选出有效调查答卷 27 份,其中,勘察技术人员 7 份、设计技术人员 4 份、施工技术人员 10 份、科研人员 6 份。表 8.12 为水封性风险因子重要性和引发水封失效概率统计表。图 8.3 为各个水封性风险因子重要性统计图,图 8.4 为各个水封性风险因子引发水封失效概率情况统计表。

表 8.12　水封性风险因子重要性和引发水封失效概率统计表

水封性风险因子		重要性				引发水封失效概率			
		非常重要(B_1^Z)	重要(B_2^Z)	一般(B_3^Z)	不重要(B_4^Z)	极高(B_1^G)	高(B_2^G)	一般(B_3^G)	不高(B_4^G)
结构因素	库址区降水量(U_1^S)	6	10	11	0	3	11	9	4
	主洞室埋深(U_2^S)	6	16	5	0	3	13	9	2
	水幕巷道布置(U_3^S)	12	11	2	2	9	13	3	2
	水幕孔布置(U_4^S)	11	9	6	1	8	15	4	0
	水幕注水压力(U_5^S)	5	20	1	1	3	21	3	0
施工因素	锚杆布设方式(U_6^S)	2	7	11	7	1	4	13	9
	爆破方案(U_7^S)	5	6	11	5	4	2	13	8
	注浆效果(U_8^S)	7	15	4	1	7	12	5	3
	喷混厚度(U_9^S)	0	6	18	3	0	3	18	6
地质因素	水位(U_{10}^S)	6	17	4	0	3	19	5	0
	结构面密度(U_{11}^S)	9	9	9	0	7	11	7	2
	结构面张开度(U_{12}^S)	7	13	7	0	5	13	8	1
	优势结构面产状(U_{13}^S)	3	11	13	0	2	14	9	2
	断层破碎带(U_{14}^S)	12	11	4	0	10	13	2	2

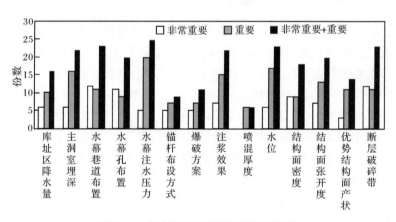

图 8.3　水封性风险因子重要性统计图

　　从表 8.12 和图 8.3、图 8.4 中可以看出,水幕巷道布置和水幕孔布置等设计施工因素风险因子,以及结构面密度和断层破碎带等地质因素风险因子重要性较高;而水幕巷道布置、水幕孔布置和注浆效果等设计施工因素风险因子,以及断层破碎带和结构面密度等地质因素风险因子引发水封失效的概率较高。

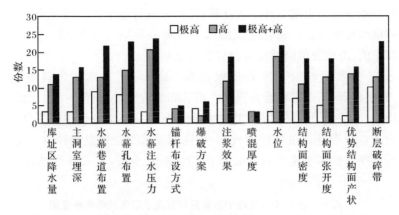

图 8.4　水封性风险因子引发洞室水封失效概率调查汇总图

8.2.4　风险因子影响程度模糊综合识别

8.2.3 节通过问卷调查,初步获得了各个风险因子的重要性和引发功能失效的概率。本节将采用模糊分析方法,获得各个因素对洞库施工期稳定性和水封性的影响程度。

1. 风险因子集和评价等级集

风险因子集是由风险评价致险因子所构成的集合。根据表 8.11,可得到水封性风险因子集:
$$U^{S} = [U_1^S, U_2^S, \cdots, U_{14}^S]$$
而评价等级集由专家评价结果组成,根据本研究内容,可分为重要性评价集:
$$R^Z = [R_1^Z, R_2^Z, R_3^Z, R_4^Z]$$
和引发功能失效概率评价集:
$$R^G = [R_1^G, R_2^G, R_3^G, R_4^G]$$

2. 风险因子权重集

风险因子权重集即风险因子的权重向量矩阵,用以量化表达各个风险因子的重要程度或引发功能失效概率。目前,权重确定方法有层次分析法和打分法。根据表 8.12 专家调查统计数据,采用层次分析法中的 0—1 方法,通过比较两个因子的相同重要程度或引发功能失效概率评价语数量,进行各个风险因子的权重赋值。比较过程如下:任意两个风险因子,如果前一个因子比后一个因子在"非常重要"一栏评价数量多,则为 1,反之为 0。如果相同,则继续比较"重要"一栏的评价数量,以此类推,最后累积求和获得权重分数,权重分数加上一个自身权重分数 1

即可得到权重分数。根据上述方法计算,可得水封性各个风险因子重要性和引发功能失效概率权重分数。将各个风险因子权重分数除以所有风险因子权重值之和即为权重值,由权重值组成的集合称为权重集。

表 8.13 为水封性因子重要性权重集(A^{SZ})和引发水封失效概率权重集(A^{SG})。断层破碎带、水幕巷道布置和水幕孔布置在重要性评价中位于前三位,而断层破碎带、注浆效果和结构面密度在引发水封失效概率评价中位于前三位。水幕系统设计在重要性评价中排序较前,而在引发水封失效概率评价中排序较后,其原因可能在于水幕系统设计常常采用较大的安全度,其可靠性通常可以得到保障。

表 8.13　水封性风险因子重要性和引发水封失效概率权重集

风险因子	重要性(A^{SZ})	失效概率(A^{SG})
库址区降水量	0.057	0.048
主洞室埋深	0.067	0.048
水幕巷道布置	0.124	0.038
水幕孔布置	0.114	0.048
水幕注水压力	0.048	0.086
锚杆布设方式	0.019	0.038
爆破方案	0.067	0.094
注浆效果	0.095	0.048
喷射混凝土厚度	0.010	0.086
水位	0.067	0.076
结构面密度	0.095	0.095
结构面张开度	0.076	0.045
优势结构面产状	0.038	0.048
断层破碎带	0.124	0.105

3. 风险因子模糊评价矩阵

风险因子模糊评价矩阵也称为隶属关系矩阵,表示从风险因子集到评价等级集的一个模糊映射:

$$\boldsymbol{R} = \{r_{ij}\}, \quad i = 1 \sim n; j = 1 \sim m \tag{8.8}$$

式中,r_{ij} 为隶属度,即第 i 个风险因子隶属于第 j 个评价等级的程度,由调查表中各评语数量占总调查人数的百分数确定;n 为风险因子个数;m 为评价等级个数。

据此,可以计算水封性风险因子重要性和引发水封失效概率隶属关系矩阵,即:$\boldsymbol{R}^{SZ}$ 和 $\boldsymbol{R}^{SG}$,其值采用矩阵表达。

$$
\boldsymbol{R}^{SZ} = \begin{vmatrix}
0.222 & 0.370 & 0.407 & 0.000 \\
0.222 & 0.593 & 0.185 & 0.000 \\
0.444 & 0.407 & 0.074 & 0.074 \\
0.407 & 0.333 & 0.222 & 0.037 \\
0.185 & 0.741 & 0.037 & 0.037 \\
0.074 & 0.259 & 0.407 & 0.259 \\
0.185 & 0.222 & 0.407 & 0.185 \\
0.259 & 0.556 & 0.148 & 0.037 \\
0.000 & 0.222 & 0.667 & 0.111 \\
0.222 & 0.630 & 0.148 & 0.000 \\
0.333 & 0.333 & 0.333 & 0.000 \\
0.259 & 0.481 & 0.259 & 0.000 \\
0.111 & 0.407 & 0.481 & 0.000 \\
0.444 & 0.407 & 0.148 & 0.000
\end{vmatrix}
$$

$$
\boldsymbol{R}^{SG} = \begin{vmatrix}
0.111 & 0.407 & 0.333 & 0.148 \\
0.111 & 0.481 & 0.333 & 0.074 \\
0.333 & 0.481 & 0.111 & 0.074 \\
0.296 & 0.556 & 0.148 & 0.000 \\
0.111 & 0.778 & 0.111 & 0.000 \\
0.037 & 0.148 & 0.481 & 0.333 \\
0.148 & 0.074 & 0.481 & 0.296 \\
0.259 & 0.444 & 0.185 & 0.111 \\
0.000 & 0.111 & 0.667 & 0.222 \\
0.111 & 0.704 & 0.185 & 0.000 \\
0.259 & 0.407 & 0.259 & 0.074 \\
0.185 & 0.481 & 0.296 & 0.037 \\
0.074 & 0.519 & 0.333 & 0.074 \\
0.370 & 0.481 & 0.074 & 0.074
\end{vmatrix}
$$

4. 评价等级模糊评价集

评价等级的模糊评价集表示专家评价结果隶属于评语集的隶属度,采用下式求解:

$$\boldsymbol{B} = \boldsymbol{A}^{\mathrm{T}}\boldsymbol{R} \tag{8.9}$$

式中,$\boldsymbol{B}$ 为评价等级模糊评价矩阵;$\boldsymbol{A}$ 为风险因子权重集;$\boldsymbol{R}$ 为风险因子模糊矩阵。

本研究中,水封性评价等级的模糊评价结果集分别为

$$\boldsymbol{B}^{SZ} = (\boldsymbol{A}^{SZ})^{\mathrm{T}}\boldsymbol{R}^{SZ} = \begin{bmatrix} 0.302 & 0.436 & 0.225 & 0.037 \end{bmatrix}$$

$$\boldsymbol{B}^{SG} = (\boldsymbol{A}^{SG})^{\mathrm{T}}\boldsymbol{R}^{SG} = \begin{bmatrix} 0.181 & 0.431 & 0.281 & 0.107 \end{bmatrix}$$

5. 风险因子影响模糊综合评价集

风险因子影响模糊评价集表示风险因子的影响程度,采用下式求解:

$$C = BR \tag{8.10}$$

本研究中,水封性评价等级的模糊评价结果集分别为

$$\boldsymbol{C}^{SZ} = \boldsymbol{B}^{SZ}\boldsymbol{R}^{SZ} = [0.320, 0.367, 0.331, 0.320, 0.388, 0.237, 0.251$$
$$0.355, 0.251, 0.375, 0.321, 0.346, 0.320, 0.345]$$

$$\boldsymbol{C}^{SG} = \boldsymbol{B}^{SG}\boldsymbol{R}^{SG} = [0.305, 0.329, 0.307, 0.335, 0.387, 0.241, 0.226$$
$$0.303, 0.259, 0.376, 0.303, 0.328, 0.339, 0.303]$$

为便于分级,引入式(8.11)对上述评价集进行处理:

$$D = \frac{C_i - C_{\min}}{C_{\max} - C_{\min}} \tag{8.11}$$

式中,$C_{\max} = \max\{C_1, C_2, \cdots, C_l\}$,$C_{\min} = \min\{C_1, C_2, \cdots, C_l\}$,$l$ 为元素个数。

对水封性风险因子计算重要性和引发功能失效概率模糊评价集,如表8.14所示。根据式(8.7)定义,将稳定性风险因子重要性与引发概率失效概率评价集相乘得各风险因子对稳定性影响权重集。同样将水封性风险因子重要性与引发水封失效概率评价集相乘得各风险因子对水封性影响权重集。

表 8.14　水封性风险因子影响权重集

风险因子	D^{SZ}	D^{SG}	E^{S}
库址区降水量	0.55	0.49	0.27
主洞室埋深	0.86	0.64	0.55
水幕巷道布置	0.62	0.51	0.31
水幕孔布置	0.55	0.68	0.37
水幕注水压力	1	1	1
锚杆布设方式	0	0.10	0
爆破方案	0.10	0	0
注浆效果	0.78	0.68	0.53
喷射混凝土厚度	0.10	0.21	0.02
水位	0.91	0.93	0.85
结构面密度	0.56	0.48	0.27
结构面张开度	0.72	0.74	0.53
优势结构面产状	0.55	0.70	0.38
断层破碎带	0.71	0.48	0.34

6. 风险因子影响程度分级

将各个风险因子按影响程度进行分级,将由模糊综合评价所得结果进行处理,按＜25％、25％～49％、49％～64％、＞64％的区间进行等级划分,如表 8.15所示。由表 8.15 可知,在稳定性风险因子中,地应力和爆破方案影响特别大,主洞室形状、主洞室埋深、锚杆布设方式、岩性影响次之;而在水封性风险因子中,水幕注水压力和初始水位影响特别大,主洞室埋深、注浆效果和结构面张开度影响次之。

表 8.15　水封性风险因子影响排序

特别大	大	一般	不大
水幕注水压力 水位	主洞室埋深 注浆效果 结构面张开度	库址区降水量 水幕巷道布置 水幕孔布置 结构面密度 优势结构面产状 断层破碎带	锚杆布设方式 爆破方案 喷射混凝土厚度

8.2.5　评估方法应用

根据水封原理,地下水封石洞油库的水封性主要通过控制水位实现。根据水封性要求,该地下水封石洞油库地下水位需控制在＋20m 高程以上。

为了监测该地下水封石洞油库库区水位情况,共布置水位监测孔 20 个,其中,详细勘察阶段布置水位监测孔 13 个,施工期加密布置水位监测孔 7 个。施工过程中对 20 个水位孔进行了长期监测,监测数据显示:

(1) 受工程开挖影响孔内水位随时间呈下降趋势,水位下降值在 5～130m 不等,其中大多数水位孔下降不超过 50m,能够满足洞库水封要求。

(2) 受地形影响,初始水位高的水位孔孔内水位下降较大。

(3) 由于存在导水结构面与洞室连接,少数水位孔水位下降明显,存在水封失效风险。

表 8.16 为典型水位下降明显监测孔案例分析表。表 8.16 中描述水位下降情况,并分析了下降原因。经分析发现,影响洞库水封性的因素主要包括:水位、水幕注水压力、注浆效果和结构面张开度等,这也与表 8.15 中的结果是一致的。但由于洞室埋设变化不大,因此,主洞室埋深对水封性影响不大。

表 8.16　地下水封石洞油库水封失效事故详情表

孔号	水位下降情况描述	原因分析
XZ02	该水位孔 3 个月内水位下降 60m,最低水位为 +5 高程,中间对洞内一处渗水点进行注浆处理,但仍未阻止水位继续下降,后通过示踪实验,揭露另一处主要渗水点,经后注浆处理,并结合水幕系统补水使得水位回升 60m,恢复至下降前水位	(1)存在导水结构面与地下开挖空间连接 (2)结构面开度大 (3)第一次注浆未涵盖主要导水结构面 (4)水幕注水压力不足
ZK003	水位下降 130m,最低水位为 −40m 高程,为水位下降量最大水位孔。水位孔水位随施工巷道、水幕孔及主洞室施工而变化,显示出明显的施工过程影响。采用示踪实验,揭露渗水部位位于 1 号主洞室底板,采用后注浆和增补水幕孔两种手段,水位恢复至 +20m 高程	(1)存在导水结构面与开挖空间相连地 (2)结构面开度大 (3)水幕系统补给量小于洞室渗水量

8.2.6　洞库水封性风险评估与控制

地下水封洞库水封性风险评估是施工可行性的重要依据,洞室开挖过程中,裂隙的全面揭露从而导致地下水位急剧下降,进而对洞库水封效果产生影响,是可能发生的潜在风险事故。工程自施工前期的地质勘查灾害评估到地下水位下降对水封性影响的过程风险评估均采用综合赋权专家评分法,分三阶段进行。

(1)初步评估是对岩体水文地质与工程地质条件(孕险环境)的评估,因素集包括不良地质、地层岩性、地下水位、可溶岩与非可溶岩接触带、地形地貌、岩层产状、层面与层间裂隙、围岩级别共 8 个因素。初步评估同时从属于勘察、设计与施工三个阶段,是勘察阶段地质灾害分级评估的一种方式,也是施工前期制定设计方案、判断施工组织设计合理性的半定量理论基础。

(2)二次评估是对孕险环境、致险因子的评估,是判断施工组织设计合理性的理论依据。根据勘察单位提供的岩体水文地质资料及施工设计要求,制定超前地质预报、监控量测与施工方案;上传电子版资料报审,风险评估组进行风险二次评估;业主、监理、风险评估组审核方案是否满足施工许可条件。开始施工后,施工单位每日上传施工动态信息;监测单位对监控量测数据及时整理、上传,为安全施工提供依据,禁止各类风险事故的发生;同时,勘察单位对于地下水位变化趋势在日常监测的基础上做出分析,杜绝水封性风险因素的蔓延。

(3)动态评估是对孕险环境、致险因子、风险控制与管理反馈信息的综合评估,因素集包括地质、力学、施工、风险反馈多种信息,即根据隧道开挖揭露地质及超前预报和地下水位的动态信息,且将监控量测反馈数据作为施工风险控制因子输入评估模型,及时调整水幕孔布置方案、施工组织安排。具体评估程序参照三阶段评估汇总表 8.17。

表 8.17　三阶段评估汇总表

评估程序	评估方法	评估内容	评估目的
初步评估	现场试验、详勘、物探、地应力测试	初步评价洞库整体水封性条件	根据初步评估资料制定合理的设计方案，是判断施工组织合理性的半定量理论基础，为排水和注浆设计提供初步数据
二次评估	远距离超前地质预报（TSP）、施工勘察、地质会商会议	评价洞库局部水封性条件	利用开挖洞室已揭露的地质、水文信息结合动态设计有效的指导工程安全施工，为排水和注浆优化设计提供依据
动态评估	短距离超前地质预报（地质雷达），监控量测、施工勘察、现场水幕孔单孔注水回落试验、有效性试验	评价洞室具体部位渗透特性	结合动态评估时对地下水位变化以及地质情况的分析，指导动态施工，为动态设计、动态施工提供依据

1. 洞库水封性风险评估成果

（1）初步评估。初步通过详勘、物探等手段对施工前期的水文地质条件、不良地质体、地层岩性、可溶岩与非可溶岩接触带、地形地貌、岩层产状、层面与层间裂隙有了初步的掌握，并得到了工程初始水位；根据岩体渗透系数对施工过程中注浆量和渗水量有了大概的估计。例如详勘时描述的 F3 断层，在洞室开挖过程中揭露的实际地质情况与其基本吻合，起到了降低安全风险的作用。

（2）二次评估。根据地下洞室开挖揭露的围岩情况、水位日常监测数据以及水压力试验评估局部水封性条件。例如：在临近⑥施工巷道与③水幕巷道交叉部位的开挖过程中出现了稳定性较差的围岩，对③水幕巷道的施工、支护起到预引作用；②施工巷道施工至②-①连接巷道发现有夹断泥层岩脉。根据节理走向，空间上长大裂隙的延伸对相邻主洞室的围岩状况起到预判作用，有利于指导安全施工。

（3）动态评估。根据现场水幕孔试验数据分析得出各水幕孔之间连通性以及各孔的渗透系数，利用动态评估结果优化水幕孔间距；根据地下水位变化明确其原因，及时采取措施。例如：①水幕巷道内水幕孔的间距在无法满足水封性要求的前提下，按照设计要求，采取加密水幕孔的措施来满足水封性要求；9 号主洞室 0+500 桩号，根据地质雷达预报分析，前方围岩稳定性仍比较差，在风险评估后按照设计要求必须采用加强支护；③-①连接巷道 0+020～0+030 桩号有集中渗水区域，采用后注浆对其进行处理，保证地下洞库水封性的良好。

地下洞库水封性三阶段评估程序实施流程如图 8.5 所示。

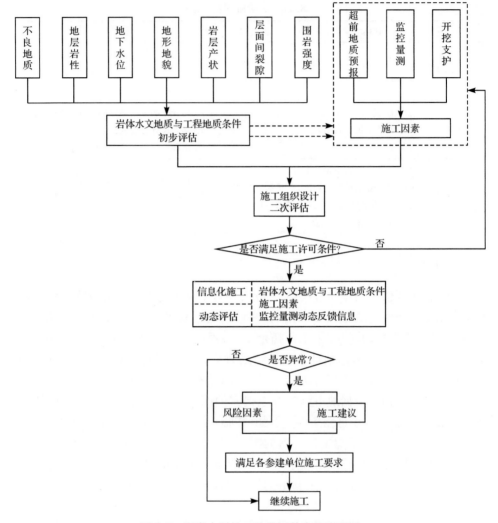

图 8.5　洞库水封性三阶段评估实施流程图

2. 水封性风险控制案例

　　水封性风险控制具体细则如表 8.18 所示,在此以 XZ02 钻孔水位下降处理为例,阐明水封性风险控制具体措施。根据工程建设需要,为了满足地下储油洞库工程具有良好水封性的要求,减小因地下水位下降而导致水封性效果降低的风险概率,必须及时、准确掌握洞库区水位变化情况。详勘阶段在洞库工程区布置水位观测钻孔 13 个,后期为了更加详细的了解水位的变化情况,又增设了水位观测孔 7 个:XZ01~XZ07。在日常地下水位监测数据基础上,对其进行分析、整理,进而对异常水位钻孔采取相应措施进行处理是十分必要的。以 XZ02 钻孔地下水位下降为例,采用示踪试验进行分析为例,阐明地下储油洞库水封效果风险分析的必要性。

表 8.18 水封性风险控制具体方法

水封性风险类型	控制方法	工程案例
地下水力联系明显	利用详勘以及实际揭露渗水点进行查找	ZK03 钻孔水位下降处理
地下水力联系复杂	利用水文试验确认渗水区域,然后进行后注浆封堵	XZ02 钻孔水位下降处理
地下水力渠道联系多样	利用水文试验多点角度分析	XZ03 钻孔水位下降处理

根据图 8.6 所示,在 2012 年 2 月 23 日～4 月 26 日期间 XZ02 钻孔水位下降比较快,根据施工时渗水点揭露信息显示,这是由于③施工巷道 0＋330～0＋367 段有比较严重的渗水区域,随即采用后注浆进行封堵,虽然起了一定效果,但是其水位还是处于下降趋势,决定采用示踪试验,明确水位下降原因。

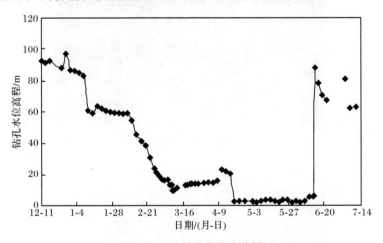

图 8.6 XZ02 钻孔水位变化图示

1) 试验方法

在 XZ02 号钻孔内首先投入示踪剂,再往孔内灌入一定量的清水,增加水压力,以期加速孔内地下水的流动;并在①-①连接巷道内选择 9 处渗水点,①施工巷道内 3 处渗水点,3 号主洞室内选择 1 处渗水点,③施工巷道 7 处渗水点,③-①施工巷道内选择 5 处渗水点,③-②施工巷道内选择 1 处渗水点;密切注意上述渗水点的渗水情况。

如图 8.7 所示,将由示踪剂配置的液体倒入 XZ02 钻孔内并往 XZ02 钻孔内注入清水,至标高 96.32m,1h 后观察各渗水点均无异常情况,以后每隔 1h 观察一次;在试验开始后第 8h,③-①连接巷道开始出现淡绿色荧光剂渗出,如图 8.8 所示;其后 5h 左右,③-①连接巷道出现荧光剂液体颜色变浓;次日凌晨进洞继续观察③-①连接巷道淡绿色荧光剂渗出区域,发现荧光剂液体颜色未变,并且观测其他渗水点,无新增荧光剂的渗水区域,试验跟踪直至③-①连接巷道内荧光剂液体渗水点颜色变淡,水量减小,直至逐渐消失,由此明确 XZ02 钻孔水位下降的原因。

图 8.7　XZ02 钻孔现场示踪试验

图 8.8　XZ02 钻孔示踪试验效果

2) XZ02 钻孔水位示踪试验分析

由图 8.9 可以看出，③-①连接巷道桩号 0+020~0+030 节理组渗水与 XZ02 号钻孔内地下水有直接水力联系，且流速约 4.1m/h。经过示踪试验明确水位下降原因，采用后注浆的方式对渗水区域位置进行注浆堵水处理后，XZ02 钻孔水位下降趋势得到抑制，且在持续降水的影响下，钻孔水位有了一定上升。由此说明，后注浆对于集中渗水区域的控制效果显著。对渗水集中区域完成后注浆，观察 XZ02 钻孔水位变化，虽然由于试验时进行注水后，其监测水位值与实际值有差异，但是经过长时间观测发现：XZ02 钻孔水位下降趋势得到抑制，并且随着②水幕巷道水幕孔的充水，XZ02 钻孔得到补水，水位出现了明显上升，由此说明：利用示踪试验查明水位下降原因，进而采取相应措施以满足设计水位要求，有效降低了水封性风险事故的发生。

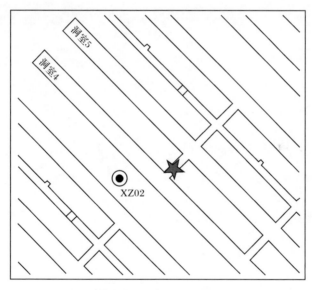

图 8.9　图中红色区域为 XZ02 钻孔渗水区域

8.3　本 章 小 结

本章提出了地下水封石洞油库水文地质分类方法，开展了水封性风险评价与控制研究，主要内容总结如下：

(1) 针对大型地下水封石洞油库的特殊性，按照施工和运营的要求，提出了针对岩体质量和导水性两个基本方面及基于地下水流场控制的施工期岩体水文地质分类方法。

（2）开展了地下水封石洞油库施工期安全风险评估，辨识出地下水封石洞油库施工期影响水封性的主要风险因子 14 个，采用模糊数学方法，获得了各风险因子模糊权重集和模糊评价集，得到了各风险因子影响程度排序，提出了典型水封性风险事件控制方法。

第9章 运营期水封性评价

地下水封石洞油库通过地下水在围岩中流动实现洞库密封性,建成后地下水封石洞油库在运营期间受到注、取油循环荷载作用,在此条件下,开展循环荷载作用下围岩疲劳力学特性及其对洞库水封性和稳定性影响研究尤为重要[143~159]。此外,循环荷载作用下岩石疲劳力学特性为岩石基本性质,是影响地下工程长期稳定性的重要因素之一,能源和二氧化碳地下储存以及矿业开采生产中普遍存在岩石疲劳力学问题,目前许多学者在循环荷载作用下岩石疲劳性质的研究多集中于室内试验和基础理论方面,在工程尺度上的研究还较少,因此研究循环荷载作用下岩石工程性能是必要的。

葛修润等[143~145]结合大理岩等岩石的静态试验和循环试验提出:①在循环荷载作用下岩石疲劳破坏存在应力门槛值,且门槛值接近常规屈服值;②岩石不可逆变形的发展存在三个阶段,提出以体积变形作为疲劳控制量。Akai[146]认为岩石单轴疲劳破坏受静态全过程轴向变形控制。莫海鸿[147]开展了大理岩和红砂岩循环荷载试验,并应用内时理论,提出了岩石疲劳本构模型。Xiao等[148]研究分析了不同循环荷载水平下损伤变量演化规律。郭印同等[149]进行了盐岩单轴循环荷载下的疲劳试验,研究盐岩的疲劳强度、变形及损伤特征,确定了盐岩疲劳破坏门槛值为单轴抗压强度的75%~80%。刘恩龙等[150,151]分析了循环加卸载时围压对岩石动力特性的影响:随着围压的增大,试样的残余轴向应变和体积应变逐渐增大,且发生剪胀时残余体积应变也逐渐变大。杨永杰等[152]研究了循环荷载下煤岩强度和变形特征,研究发现:循环荷载作用下煤岩损伤变量初始阶段增速较大,之后增加缓慢,直至临近破坏前,损伤变量开始快速增大。张凯等[153]发现循环加卸载试验中大理岩弹性模量随塑性变形的变化显著。周辉等[154]提出了循环荷载下岩石单轴压缩破坏的弹塑性细胞自动机模型。朱明礼等[155]和倪骁慧等[156]开展了花岗岩循环荷载作用下动力特性试验研究并进行了细观疲劳损伤量化。王者超等[157,158]和赵建纲[159]开展了花岗岩疲劳力学性质研究,并应用于地下水封石洞油库运营期性能评价。以上研究提高了人们对岩石疲劳力学特性的认识。

本章主要通过依托工程岩石循环荷载试验,分析了围压、体积变化、循环次数等因素对岩体疲劳性质的影响规律,建立了循环荷载下岩体疲劳本构力学模型,揭示了荷载循环对围岩屈服面影响规律,并分析在不同工作模式下依托地下水封石洞油库运营期水封性特征,揭示了工作模式与洞库运营期水封性关系,研究成果可为地下水封石洞油库的安全运营提供参考。

9.1　低频循环荷载下围岩动力学性质试验

9.1.1　试验方法

为了研究循环荷载作用下岩石力学特征,开展了花岗岩室内三轴疲劳试验。试样岩芯取自该地下水封石洞油库工程。在实验室内将岩芯切割打磨成直径为 50mm 标准试样。经测量试样密度约为 $2.8 \times 10^3 \text{kg/m}^3$。根据常规三轴试验结果,该岩石峰值强度对应黏聚力为 10MPa,内摩擦角为 48°。残余强度对应黏聚力为 4MPa,内摩擦角为 38°。

试验设备采用山东大学和长春朝阳压力机厂联合研制的多功能岩石三轴仪。系统主要由主机、压力室、轴向加载装置、围压加载装置、充液油源和计算机测控系统等组成。根据需要轴向加载可采用正弦波、余弦波或三角波等方式进行。本研究采用三角波方式进行循环荷载试验,加卸载速率为 0.2kN/s。试验中,轴向应力和围压通过压力传感器测定,而试样变形通过轴向和径向位移传感器测定,传感器信号通过数字采集模块由计算机自动采集。

试验详情如表 9.1 所示。试验中试样所受围压分别为 3MPa、6MPa、10MPa。对每个试样,开展不同峰值偏应力的循环荷载试验,循环次数为 100。为便于比较和操作,所有循环试验过程中偏应力最小值均为 0.5MPa。为了分析体积变化对疲劳性质影响,在试样剪缩和剪胀区域开展了疲劳循环试验,剪缩和剪胀区域的界定通过已先行开展的常规三轴压缩试验确定。为了分析相同峰值偏应力下,不同应变对疲劳性质的影响,通过加卸载过程获得了试样在相同峰值偏应力、不同应变条件下的多个循环荷载过程。

表 9.1　试验设计详情表

试样	峰值强度 /MPa	围压 /MPa	峰值偏应力/MPa						
			1	2	3	4	5	6	7
1-1	110.4	3	15	30	50	80	30	110	30
1-2	120.0	6	30	60	90	30	120	30	—
1-3	106.4	10	30	60	90	30	120	—	—

9.1.2　围压 3MPa 试验结果

本节结合围压 3MPa 下试验结果,详细分析花岗岩应力-应变关系、剪缩和剪胀范围内岩石疲劳力学特性、残余应变对花岗岩疲劳力学特性影响,以及峰后疲劳性质等问题。结合围压 6MPa 和 10MPa 下试验结果,进行分析结论验证。

1. 应力-应变关系

图 9.1 为围压 3MPa 下花岗岩试样偏应力-轴向应变关系。试验中,分别开展了峰值偏应力为 15MPa、30MPa、40MPa、50MPa、80MPa、110MPa 作用下岩石的疲劳循环荷载试验。其中在峰值偏应力为 30MPa 的条件下,开展了 3 个循环荷载试验过程,对应初始残余轴向应变分别为 3.8×10^{-4}、7.6×10^{-4} 和 1.112×10^{-2}。第 1 个过程通过正常加载方式获得,第 2 个试验为加载至 80MPa 卸载后获得,第 3 个过程位于试样峰值强度以后。图 9.1 中所示各循环过程在应力-应变空间位置,为清楚表现循环过程位置,图中只表示出了第 1 个循环。图 9.2 为试验中试样的体积应变-轴向应变关系。试样在试验中表现出先剪缩,后剪胀的特征。剪缩与剪胀分界点处轴向应变为 0.002,对应偏应力约为 40MPa。因此,试样在峰值偏应

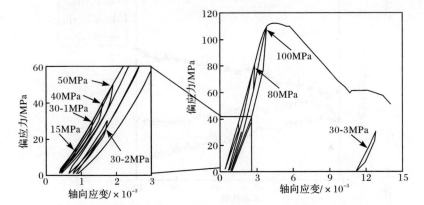

图 9.1　围压 3MPa 循环荷载试验中花岗岩偏应力-轴向应变关系

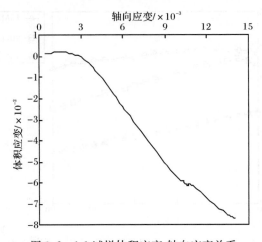

图 9.2　1-1 试样体积应变-轴向应变关系

力为 15MPa 和 30MPa 的第 1 个循环荷载过程中处于体积剪缩阶段,而其他过程处于体积剪胀阶段。

2. 剪缩区内疲劳力学特性

图 9.3 和图 9.4 分别为峰值偏应力为 15MPa、30MPa 和 40MPa 时残余轴向应变-循环次数和残余体积应变-循环次数关系。为便于分析,图中每 5 次循环取一组数据。峰值偏应力为 15MPa 和 30MPa 时,总体上呈现残余轴向应变和残余体积应变随循环次数增加而减小的趋势。由于此时试样应力状态处于剪缩区域内,循环荷载使得试样硬化,导致残余轴向应变和残余体积应变均随循环次数减小。而在峰值偏应力为 40MPa 时,残余轴向应变增加,残余体积应变继续减小。

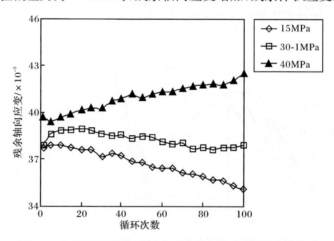

图 9.3　1-1 试样低峰值偏应力残余轴向应变-循环次数关系

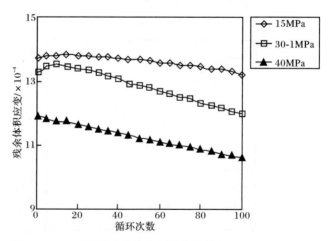

图 9.4　1-1 试样低峰值偏应力残余体积应变-循环次数关系

图 9.5 为上述各个循环过程变形模量-循环次数关系。峰值偏应力为 15MPa 和 30MPa 时，变形模量随循环次数增加而变大，即循环荷载使得试样硬化；而峰值偏应力为 40MPa 时，变形模量随循环次数增加变化不明显。图 9.6 为各个循环过程径向/轴向应变比-循环次数关系。峰值偏应力为 15MPa 和 30MPa 时，径向/轴向应变比随循环次数增加而变大；而峰值偏应力为 40MPa 时，径向/轴向应变比随循环次数增加变化不明显。但总体上，峰值偏应力越高，径向/轴向应变比越大。

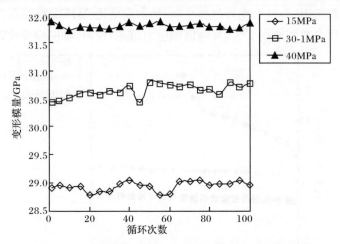

图 9.5　1-1 试样低峰值偏应力变形模量-循环次数关系

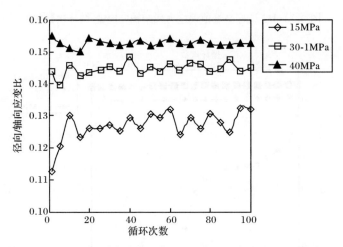

图 9.6　1-1 试样低峰值偏应力径向/轴向应变比-循环次数关系

3. 剪胀区内疲劳力学特性

图 9.7 和图 9.8 分别为峰值偏应力为 50MPa、80MPa 和 110MPa 时残余轴向

应变-循环次数关系和残余体积应变-循环次数关系。在峰值偏应力为 110MPa
时,当循环次数达到 56 次时,试样出现了疲劳破坏。同样为便于分析,图中每 5 次
循环取一组数据。在三个循环过程中,残余轴向应变和残余体积应变随循环次数
增加而增大。由于此时试样应力状态处于剪胀区域内,循环荷载使得试样软化,
导致残余轴向应变和残余体积应变均随循环次数增大。图 9.9 为上述各个循环
过程变形模量-循环次数关系。变形模量随循环次数增加而变大,即循环荷载使得
试样软化。图 9.10 为各个循环过程径向/轴向应变比-循环次数关系。径向/轴向
应变比随循环次数增加而变大,且峰值偏应力越高,径向/轴向应变比越大。

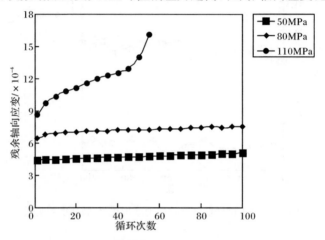

图 9.7　1-1 试样高峰值偏应力残余轴向应变-循环次数关系

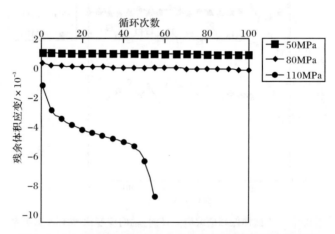

图 9.8　1-1 试样高峰值偏应力残余体积应变-循环次数关系

综合分析剪缩和剪胀区内各种关系可知,剪缩和剪胀分界点(对应于峰值偏
应力为 40MPa)是岩石疲劳性质出现变化的一个分界点。岩石在分界点应力水平

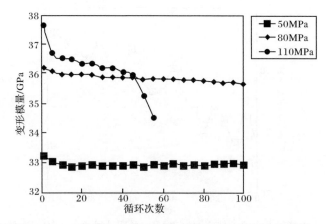

图 9.9 1-1 试样高峰值偏应力时变形模量-循环次数关系

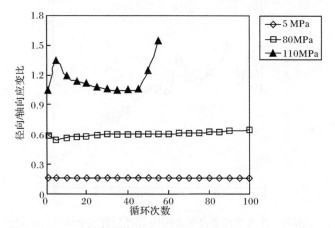

图 9.10 1-1 试样高峰值偏应力径向/轴向应变比-循环次数关系

之上和之下表现出不同的疲劳性质。

4. 残余应变对峰前疲劳性质影响

图 9.11 和图 9.12 分别为峰值偏应力为 30MPa 峰第 2 个循环过程残余轴向应变-循环次数关系和残余体积应变-循环次数关系。随着循环次数增加,残余轴向应变和体积应变逐渐增大。图 9.13 为该过程变形模量-循环次数关系。随着循环次数增加,变形模量呈下降趋势。图 9.14 为该循环过程径向/轴向应变比-循环次数关系,随循环次数增加,径向/轴向应变比逐渐减小。由此可以看出,若在前期加载过程中已进入剪胀区,即使卸载至剪缩区,花岗岩仍表现出剪胀范围内岩石疲劳力学特性。

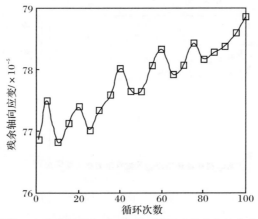

图 9.11　1-1 试样第 2 个峰值偏应力为 30MPa 循环过程残余轴向应变-循环次数关系

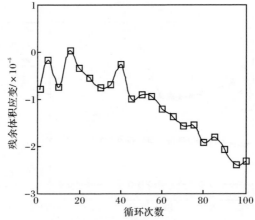

图 9.12　1-1 试样第 2 个峰值偏应力为 30MPa 循环过程残余体积应变-循环次数关系

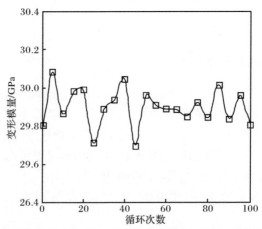

图 9.13　1-1 试样峰值偏应力为 30MPa 第 2 个循环过程变形模量-循环次数关系

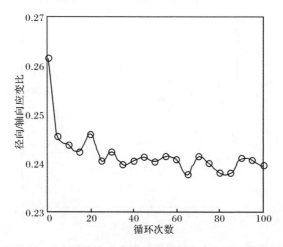

图 9.14 1-1 试样第 2 个峰值偏应力为 30MPa 循环过程
径向/轴向应变比-循环次数关系

5. 峰后疲劳特性

图 9.15 和图 9.16 为 30MPa 峰值循环荷载作用下峰后循环过程残余轴向应变-循环次数和变形模量-循环次数关系。由于处于峰后阶段,该过程主要反映了破坏面循环剪切疲劳力学特性,两个关系均出现波动现象,该现象与结构面剪切试验类似,据此推测该过程主要由破坏面上表面起伏控制。

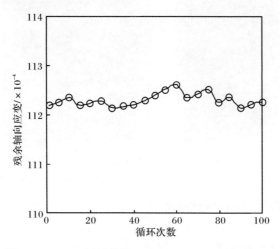

图 9.15 1-1 试样峰值偏应力为 30MPa 峰后循环过程
残余轴向应变-循环次数关系

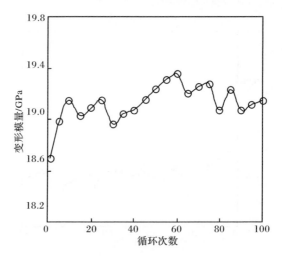

图 9.16　1-1 试样峰值偏应力为 30MPa 峰后循环
过程变形模量-循环次数关系

图 9.17 为试样破坏面形态图。破坏面上含有颗粒受剪产生的粉末,以及疲劳破坏的断口。据此推断,循环荷载下岩石强度受抗剪和抗疲劳两部分影响。

图 9.17　1-1 试样花岗岩疲劳破坏面形态

9.1.3　围压 6MPa 和 10MPa 试验结果

1. 围压 6MPa 试验结果

图 9.18 为围压 6MPa 下花岗岩峰前残余轴向应变-循环次数关系。图 9.19

为相应变形模量-循环次数关系。由于处于剪缩范围内,峰值偏应力为 30MPa 的第 1 个循环过程,残余轴向应变随循环次数增加而减小,而变形模量随循环次数增加而增大。而其他峰值偏应力(60MPa、90MPa)的第 1 个循环过程,由于处于剪胀范围,残余轴向应变随循环次数增加而增加,变形模量随循环次数增加而减小。剪缩与剪胀区域分界点根据体积应变-轴向应变关系确定。

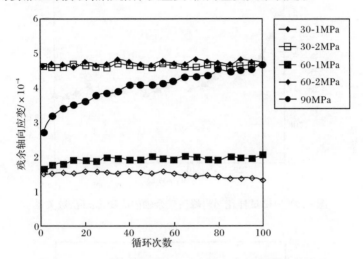

图 9.18　1-2 试样花岗岩峰前残余轴向应变-循环次数关系

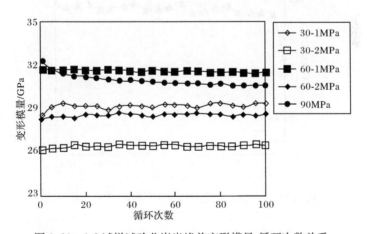

图 9.19　1-2 试样试验花岗岩峰前变形模量-循环次数关系

　　同样,分析峰值偏应力为 30MPa 和 60MPa 第 2 个循环过程残余轴向应变-循环次数和残余体积应变-循环次数关系。随着循环次数增加,残余轴向应变和体积应变增大,而变形模量减小。由此可以看出,在围压为 6MPa 条件下,残余应变对疲劳性质影响与 3MPa 条件下相同。

　　图 9.20 和图 9.21 为峰后 30MPa 峰值循环荷载作用下试样残余轴向应变-循环次数和变形模量-循环次数关系曲线。与围压 3MPa 试验结果类似,两条曲线表现出波动性。

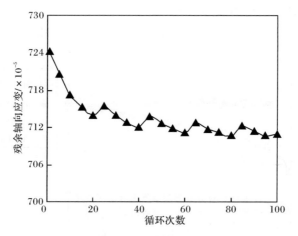

图 9.20　1-2 试样花岗岩峰后残余轴向应变-循环次数关系

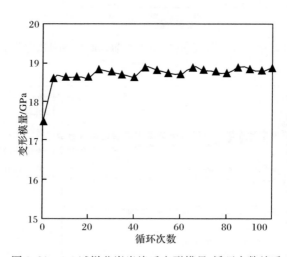

图 9.21　1-2 试样花岗岩峰后变形模量-循环次数关系

2. 围压 10MPa 试验结果

　　图 9.22 为围压 10MPa 下花岗岩残余轴向应变-循环次数关系。图 9.23 为围压 10MPa 下花岗岩变形模量-循环次数关系。随循环次数增加,试样残余轴向应变增加,而变形模量减小。考虑到该试样峰值强度较低(仅为 106.4MPa),而试验中最小峰值偏应力为 30MPa,因此该试验中所有循环过程均处于剪胀区域。同

样,分析峰值偏应力为 30MPa 和 60MPa 第 2 个循环过程(30-2、60-2)残余轴向应变-循环次数关系和残余体积应变-循环次数关系。随着循环次数增加,残余轴向应变和体积应变增大,而变形模量减小,但变化速率比峰值偏应力第 1 个循环过程减小。因此,在剪胀范围内,变形模量随残余轴向应变增加而减小。

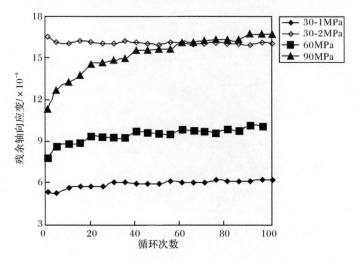

图 9.22　1-3 试样花岗岩残余轴向应变-循环次数关系

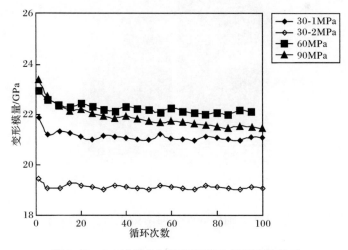

图 9.23　1-3 试样花岗岩变形模量-循环次数关系

图 9.24 为围压 6MPa 试验后试样破坏面形态图,图 9.25 为围压 10MPa 试验后试样破坏面形态图。两个试验后,试件破坏面上含有颗粒受剪产生的粉末以及疲劳破坏的断口,但断口面面积小于低围压试样破坏面断口面积。围压 10MPa

试验中试样峰值强度对应摩擦角与其他两个试验相比偏低,这是由不同试样中初始缺陷不同引起的。由从破坏面形态看,围压 10MPa 试验中试样为单一破坏面,而其他两个试验中含有多个破坏面。

图 9.24　围压 6MPa 下花岗岩疲劳破坏面形态

图 9.25　围压 10MPa 下花岗岩疲劳破坏面形态

上述两组试验结果验证了围压 3MPa 时对数据分析的结论。

9.1.4　岩石疲劳性质分区

根据上述试验结果,岩石疲劳性质具体可分为三个区域,如图 9.26 所示。

图 9.26 中分别表示了岩石的偏应力-轴向应变关系(如图 9.26(a)所示)、体积应变-轴向应变关系(如图 9.26(b)所示)和裂隙发展过程(如图 9.26(c)所示)。在应力-应变全空间内,岩石疲劳性质分为以下三个区域:

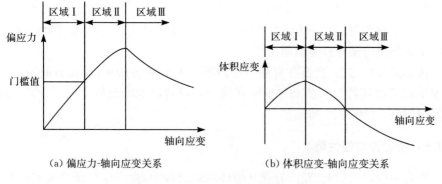

（a）偏应力-轴向应变关系　　　　（b）体积应变-轴向应变关系

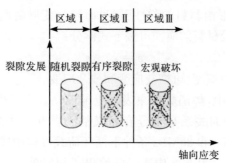

（c）裂隙发展-轴向应变关系

图 9.26　岩石疲劳性质分区图

1）压密区域

该区域内，岩石处于体积剪缩阶段，试样表现为应变硬化。循环荷载作用下，岩石残余轴向应变减小，残余体积应变减小，变形模量增加。微观角度分析，该阶段内岩石内主要分布有随机裂隙，在循环荷载作用下，变形主要由固体材料和随机裂隙开启闭合引起，裂隙一般不发生扩展。因此可以推测，在该范围内岩石不会出现疲劳破坏。

2）硬化剪胀区域

该区域内，岩石处于剪胀阶段，试样表现为应变硬化。循环荷载作用下，岩石残余轴向应变增加，残余体积应变继续减小，变形模量降低。从微观角度分析，随着峰值应力水平提高，岩石内裂隙逐渐增加和扩展，并向有序化分布演化；随着循环次数增加，岩石内裂隙将趋于贯通。其主要分布区域为岩石剪切带附近。在此范围内岩石将出现疲劳破坏。已有研究多集中于该区域范围内岩石疲劳力学特性。

3）软化剪胀区域

该区域内，岩石仍处于剪胀阶段，但试样出现软化现象。循环荷载作用下，残余轴向应变、残余体积应变和变形模量均呈现锯齿状。微观角度分析,由于试样中已出现宏观破坏,此时试样力学性质主要受破坏面控制,破坏面上的起伏情况决定了该阶段内试样疲劳性质。

从上述分析可得,岩石在剪缩范围内不会发生疲劳破坏,而在剪胀范围内则会发生疲劳破坏,因此,剪缩和剪胀区域分界点对应的峰值偏应力应为岩石疲劳破坏门槛值,如图 9.26 所示。

9.1.5　疲劳势与塑性势

作为一种岩土材料,花岗岩在其循环加载过程中,会产生可恢复和残余变形。一般来讲,可恢复变形由材料的弹性引起,而残余变形由循环荷载和单调加载引起。在本研究中,假设材料的应变可按下式拆分:

$$\varepsilon = \varepsilon^e + \varepsilon^r \tag{9.1}$$

式中,ε、ε^e、ε^r 分别为总应变、可恢复应变和残余应变。

在岩石本构模型中,势函数用来表述土的流动。为了模拟岩石的疲劳特性,研究疲劳势和塑性势的关系是十分有意义的。表 9.2 中列出了峰值偏应力为 30MPa、40MPa、50MPa 和 80MPa 条件下循环荷载过程中残余偏应变增量和残余体积应变增量的比值。表 9.2 中还一同给出了相邻单调加载过程中塑性偏应变增量和塑性体积应变增量的比值。

表 9.2　1-1 试样应变增量比值表

峰值偏应力/MPa	$d\varepsilon_q^r/d\varepsilon_p^r$	
	循环荷载	单调加载
30	−0.44	−0.47
40	−0.82	−0.30
50	−1.46	−0.30
80	−0.89	−0.45

图 9.27 为相邻循环加载过程和塑性变形过程中应变矢量方向对比。为了便于比较,将应力空间和应变空间绘制在同一坐标系下,图中应变增量矢量起点位置对应于应力状态。随着轴向应力(或偏应力)增加,疲劳变形增量方向倾角均先变陡后变缓。与塑性变形倾角相比,疲劳变形增量方向倾角大。因此,循环荷载作用下岩石疲劳势有别于单调加载时塑性势,循环荷载作用下岩石表现出比单调加载时更强的抵抗体积变形能力。这与疲劳试验后破坏面形态与单调加载破坏面形态存在差异的事实是相符的。

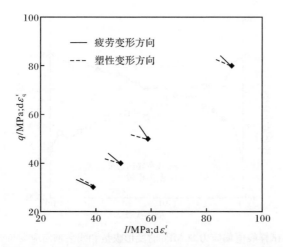

图 9.27　1-1 试样花岗岩疲劳和塑性变形增量方向关系

9.1.6　变形模量与残余轴向应变关系

图 9.28 为围压 3MPa 试验峰值偏应力 30MPa 时,变形模量和残余轴向应变与循环次数关系。图 9.29 为围压 3MPa 试验峰值偏应力 80MPa 时,变形模量和残余轴向应变与循环次数关系。当峰值偏应力低于疲劳破坏门槛值时,变形模量随循环次数增加而增大;当峰值偏应力低于疲劳破坏门槛值时,变形模量随循环次数增加而减小。因此,变形模量和循环次数之间关系并不单调,这给模拟岩石疲劳力学特性带来了一定困难。

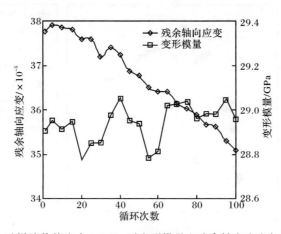

图 9.28　1-1 试样峰值偏应力 30MPa 时变形模量和残余轴向应变与循环次数关系

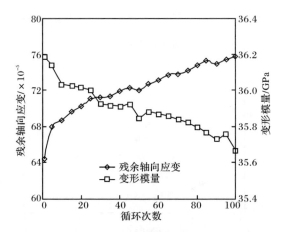

图 9.29　1-1 试样峰值偏应力 80MPa 时变形模量和残余轴向应变与循环次数关系

考察试验结果中残余应变与循环次数关系：当峰值偏应力低于疲劳破坏门槛值时，残余轴向应变随循环次数增加而减小；当峰值偏应力低于疲劳破坏门槛值时，残余轴向应变随循环次数增加而增加。

图 9.30～图 9.32 分别为围压为 3MPa、6MPa 和 10MPa 下峰前循环荷载过程变形模量-残余轴向应变关系。花岗岩循环荷载试验中变形模量与残余轴向应变呈一致关系，即残余轴向应变越大，变形模量越小。因此，如果确定了岩石的残余轴向应变，即可确定岩石的变形模量。从建立本构模型角度考虑，采用残余轴向应变作为自变量比采用循环次数更为适合。

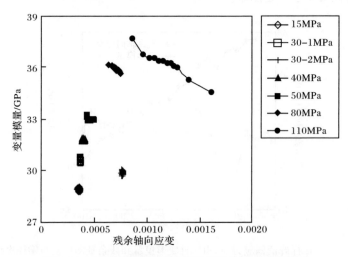

图 9.30　1-1 试样峰前变形模量与残余轴向应变关系

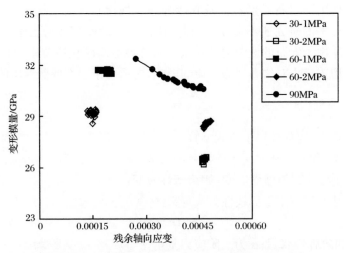

图 9.31　1-2 试样峰前变形模量与残余轴向应变关系

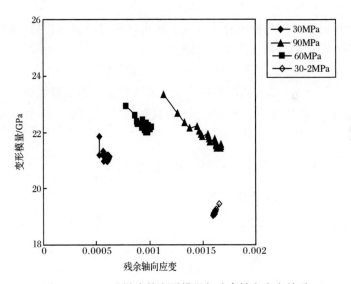

图 9.32　1-3 试样峰前变形模量与残余轴向应变关系

9.2　围岩动力学模型

9.2.1　花岗岩疲劳力学本构模型

国内外学者对循环荷载作用下岩石的强度准则、变形特征、损伤演化和疲劳破坏机制等进行了研究,并取得了大量研究成果[144~162]。这些研究成果有助于了解循环荷载作用下岩石变形特征及其疲劳破坏规律。然而直接将所提出模型应用到具体工程中的研究还不多见。因此,在常规运动硬化疲劳力学模型基础上,本节提出了适用于岩石的疲劳力学模型。与常规运动硬化疲劳模型相比,该模型可以考虑平均主应力对岩石屈服性质的影响,更适合于岩石疲劳性质的描述。

1. 应变分解

由塑性理论,应变按以下方式分解:

$$\dot{\varepsilon} = \dot{\varepsilon}^{el} + \dot{\varepsilon}^{pl} \tag{9.2}$$

式中,$\dot{\varepsilon}$ 为总应变;$\dot{\varepsilon}^{el}$ 为弹性应变;$\dot{\varepsilon}^{pl}$ 为塑性应变。

材料弹性变形可用下面线性公式定义:

$$\boldsymbol{\sigma} = \boldsymbol{D}^{el} : \boldsymbol{\varepsilon}^{el} \tag{9.3}$$

式中,$\boldsymbol{D}^{el}$ 为四阶弹性张量;$\boldsymbol{\sigma}$ 为二阶应力张量;$\boldsymbol{\varepsilon}^{el}$ 为二阶应变张量。

2. 屈服准则

岩土材料屈服性质与围压有关。为了描述岩石材料疲劳性质,提出与平均主应力有关的疲劳力学模型。其屈服准则为

$$f(\sigma - \alpha) = \sigma^0(p) \tag{9.4}$$

式中,$p = (\sigma_1 + \sigma_2 + \sigma_3)/3$;$\alpha$ 为滞回应力;$\sigma^0(p)$ 为屈服应力。即屈服不但与材料的偏应力有关,也与平均主应力有关。$\sigma^0(p)$具体形式可根据不同材料取用不同的函数形式。$f(\sigma - \alpha)$定义如下:

$$f(\sigma - \alpha) = \sqrt{\frac{3}{2}(\boldsymbol{S} - \alpha^{dev}) : (\boldsymbol{S} - \alpha^{dev})} \tag{9.5}$$

式中,α^{dev}为回滞偏应力;$\boldsymbol{S}$ 为偏应力张量。

3. 流动法则

假设为相关联流动法则,塑性应变为

$$\dot{\varepsilon}^{pl} = \frac{\partial f(\sigma - \alpha)}{\partial \sigma} \dot{\bar{\varepsilon}}^{pl} \tag{9.6}$$

式中,$\dot{\bar{\varepsilon}}^{pl}$ 为等效塑性应变率;$\dot{\bar{\varepsilon}}^{pl} = \sqrt{\frac{2}{3} \dot{\varepsilon}^{pl} : \dot{\varepsilon}^{pl}}$。

4. 硬化准则

定义硬化准则为

$$\dot{\alpha} = C \dot{\bar{\varepsilon}}^{pl} \frac{1}{\sigma^0} (\sigma - \alpha) - \gamma \alpha \dot{\bar{\varepsilon}}^{pl} + \frac{1}{C} \alpha \dot{C} \tag{9.7}$$

式中,C 为初始运动硬化模量;γ 为运动硬化中塑性模量变化速率;C 和 γ 可以通过循环荷载试验数据得到;σ^0 为塑性应变的函数。

当 γ 为零时,

$$\dot{\alpha} = C\dot{\bar{\varepsilon}}^{\mathrm{pl}}\frac{1}{\sigma^0}(\sigma - \alpha) + \frac{1}{C}\alpha\dot{C} \tag{9.8}$$

即为运动硬化的线性模型

$$\sigma^0 = \sigma\mid_0 + Q_\infty(1 - \mathrm{e}^{-b\bar{\varepsilon}^{\mathrm{pl}}}) \tag{9.9}$$

式中,$\sigma\mid_0$ 为塑性应变等于零时的屈服应力;Q_∞ 为屈服应力的最大变量;b 为塑性应变发展过程中屈服应力的变化速率。

9.2.2　洞库花岗岩疲劳力学模型参数

建立了运动硬化模型 $\dot{\alpha} = C\dot{\bar{\varepsilon}}^{\mathrm{pl}}\frac{1}{\sigma^0}(\sigma - \alpha) + \frac{1}{C}\alpha\dot{C}$ 以及可以用于 ABAQUS 数值计算的等效塑性应变的表达式 $\sigma^0 = \sigma\mid_0 + Q_\infty(1 - \mathrm{e}^{-b\bar{\varepsilon}^{\mathrm{pl}}})$,其中 $\sigma\mid_0$、Q_∞ 和 b 可以通过循环荷载试验数据计算得到。

对试样 1-1 试验数据进行拟合,试样在轴向应力为 30MPa 时处于剪缩范围内,轴向应力为 50MPa 时处于剪胀范围内,因此取 40MPa 为初始屈服应力,即 $\sigma\mid_0 = 40$MPa。拟合函数为 $\sigma^0 = 39 + 130(1 - \mathrm{e}^{-1007\bar{\varepsilon}^{\mathrm{pl}}})$,拟合曲线如图 9.33 所示。

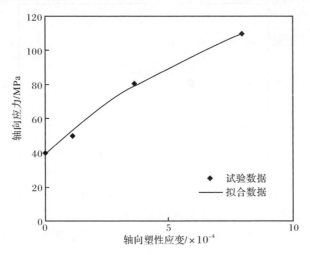

图 9.33　轴向应力与轴向塑性应变关系曲线

对试样 1-2 试验数据进行拟合,试样在轴向应力为 30MPa 时处于剪缩范围内,轴向应力为 50MPa 时处于剪胀范围内,因此取 40MPa 为初始屈服应力,即 $\sigma\mid_0 = 40$MPa。拟合函数为 $\sigma^0 = 39 + 124(1 - \mathrm{e}^{-1317\bar{\varepsilon}^{\mathrm{pl}}})$,拟合曲线如图 9.34 所示。

对试样 1-3 试验数据进行拟合,因为试样在轴向应力为 30MPa 时已经出现剪

胀,所以取 20MPa 为初始屈服应力,即 $\sigma|_0 = 20\text{MPa}$。拟合函数为 $\sigma^0 = 18 + 106(1 - e^{-716\bar{\varepsilon}^{pl}})$,拟合曲线如图 9.35 所示。

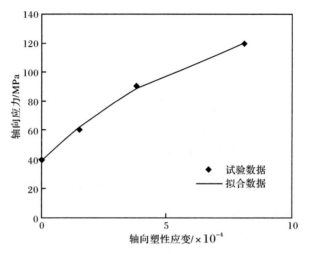

图 9.34　轴向应力与轴向塑性应变关系曲线

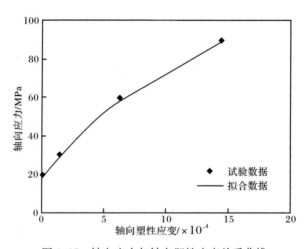

图 9.35　轴向应力与轴向塑性应变关系曲线

因为试样 1-3 在轴向应力为 30MPa 时已经出现剪胀,没有普遍代表性,因此取试样 1-1 与试样 1-2 数据进行分析。取试样 1-1 与试样 1-2 计算结果的平均值,则 $\sigma|_0 = 39\text{MPa}$,$Q_\infty = 127\text{MPa}$,$b = 1161$。用得到的模型参数进行拟合并与试验数据进行对比,结果如图 9.36 所示。从图 9.36 可知,该模型参数可以较好的反应试样在循环荷载作用下的变形特征。

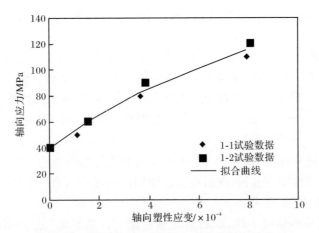

图 9.36　模型参数拟合曲线与试验数据曲线对比

在 ABAQUS 提供的运动硬化疲劳力学模型基础上,提出适用于洞库围岩的疲劳力学模型 $f(\sigma-\alpha)=\sigma^0(p)$。流动法则继续采用 ABAQUS 中流动法则即 $\sigma^0=\sigma|_0+Q_\infty(1-e^{-b\bar{\varepsilon}^{pl}})$。通过试验数据拟合分析得到则 $\sigma|_0=39\text{MPa}$, $Q_\infty=127\text{MPa}$, $b=1161$。用得到的模型参数进行拟合并与试验数据进行对比,结果表明该模型参数可以较好的反应试样在循环荷载作用下的变形特征。与已有模型相比,该模型可以考虑平均主应力对岩土材料屈服性质的影响,更适合于岩土材料疲劳性质的描述。

9.3　运营期水封性评价

9.3.1　数值模型和计算参数

本章主要采用连续介质流固耦合理论,采用大型商业软件 ABAQUS 进行运营期水封性评价。本节中模型网格划分、边界条件、初始条件均与 5.2 节中所建立模型一致,而模型计算参数以及分析步骤和工况的选取不一致。

1. 模型计算参数

由于洞库围岩主要为完整性较好的花岗岩,根据室内试验结果,考虑到尺寸效应,岩体弹性模量取为 5GPa,泊松比取为 0.18。此外,洞库围岩渗透系数选取 $1\times10^{-4}\text{m/d}$,围岩的饱水密度取为 $2.8\times10^3\text{kg/m}^3$,孔隙比取为 0.6%。

2. 分析步骤与工况的选取

考虑到洞库建设的实际情况,分析分为以下六步进行:

（1）初始地应力和孔隙水压力平衡。取用户子程序生成初始地应力场和孔隙水压力场。

（2）开挖水幕巷道，使地应力和孔隙水压力自动平衡。

（3）水幕巷道注入水，保持水头不变，使孔隙水压力达到平衡。

（4）开挖主洞室，洞库开挖通过去除洞库单元实现，在此过程中允许地下水通过洞库库壁流入洞库。由于洞库基本不取用支护措施，故在模拟中洞库洞壁节点力指定为零。

（5）主洞室开挖完成后，再次平衡地应力和孔隙水压力，耗时 3 年。

（6）运营期稳定性分析，在洞室周边作用注取循环荷载 0.5MPa，每 4 年一个循环，整个过程持续 50 年。

为了分析不同情况下注、取石油对洞室稳定性的影响，运营期间选取了两种工况，即相邻洞罐组同步注取和相邻洞罐组异步注取，具体如下所示：

工况 1:相邻洞罐组同步注取。

洞罐组 A、B、C 均按图 9.37 中曲线同步注取。

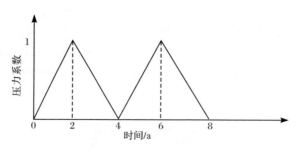

图 9.37　工况 1 加载示意图

工况 2:相邻洞罐组异步注采。

洞罐组 AC 同步，按图 9.38 曲线 a 加载;洞罐组 B 与 AC 异步，按曲线 b 加载。

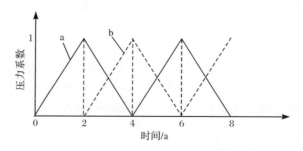

图 9.38　工况 2 加载示意图

9.3.2　同步注取条件下分析结果

1. 稳定性

选取 1 号、4 号、7 号和 9 号主洞室为主要分析对象,选取洞室拱顶 A,拱肩 B、C,直墙中点 D、E,拱脚 F、G 以及底板中点 H 作为研究关键点,各关键点在主洞室分布位置如图 9.39 所示。

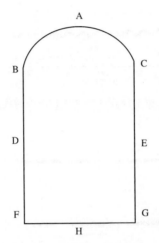

图 9.39　关键点分布示意图

选取 1 号、4 号、7 号和 9 号主洞室为主要分析对象,在工况 1 情况下拱顶沉降变化情况如图 9.40 所示,主洞室开挖的 3 年后 1 号、4 号、7 号和 9 号主洞室拱顶沉降分别为 9.38mm、15.38mm、21.21mm 和 20.22mm;23 年后拱顶沉降分别为 9.58mm、11.49mm、24.19mm 和 24.21mm;53 年后拱顶沉降分别为 9.42mm、11.43mm、24.40mm 和 24.60mm。在 50 年的循环注取过程中 1 号和 4 号主洞室拱顶沉降基本不变,而 7 号和 9 号主洞室拱顶沉降逐渐增大;7 号增加了 15.4%,9 号增加了 21.7%;说明随着埋深的增加受循环注取的影响越大。由图 9.40 可以得到,主洞室开挖卸荷引起的沉降量约占全部沉降量的 80%。

工况 1 情况下水平收敛变化情况如图 9.41 所示。主洞室开挖的 3 年后 1 号、4 号、7 号和 9 号主洞室水平收敛分别为 24.93mm、23.41mm、34.99mm 和 44.92mm;23 年后水平收敛分别为 24.70mm、23.42mm、35.17mm 和 45.04mm;53 年后水平收敛分别为 24.66mm、23.40mm、35.17mm 和 45.03mm。在 50 年的循环注取过程中各个主洞室水平收敛基本不变。综合来说,从位移大小来看,随着埋深的增加,洞库位移逐渐变大。但位移值均较小,说明洞库围岩稳定性较好。

图 9.42(a)~(c)分别为洞库围岩 3 年、23 年和 53 年后竖向位移分布图。洞

库围岩 3 年、23 年和 53 年后水平位移分布图如图 9.43(a)~(c)所示。工况 1 情况下各个主洞室关键点位移大小如表 9.3 所示。

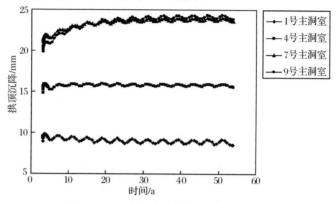

图 9.40　工况 1 各洞拱顶沉降时程曲线

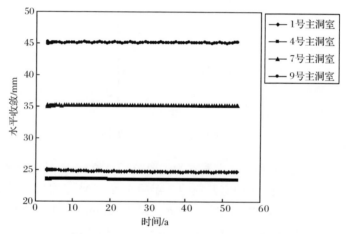

图 9.41　工况 1 各洞水平收敛时程曲线

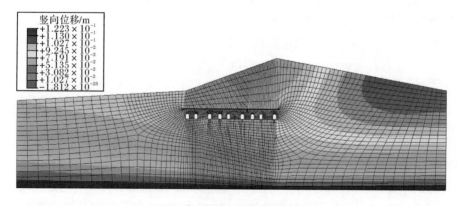

(a) 3 年后洞库竖向位移分布图

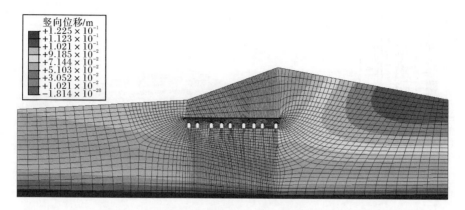

(b) 23 年后洞库竖向位移分布图

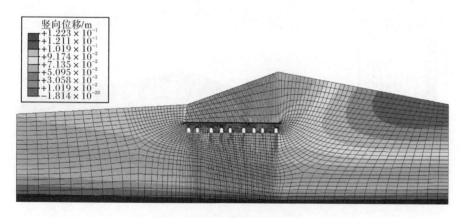

(c) 53 年后洞库竖向位移分布图

图 9.42 洞库围岩竖向位移分布图

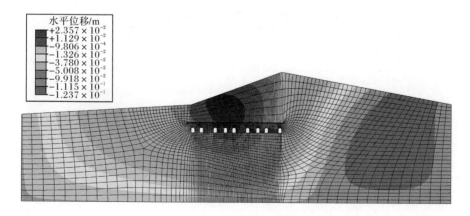

(a) 3 年后洞库水平位移分布图

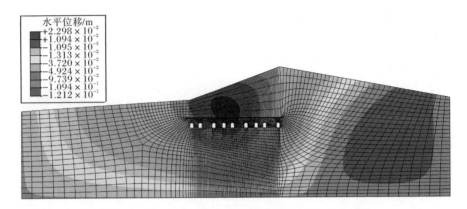

(b) 23 年后洞库水平位移分布图

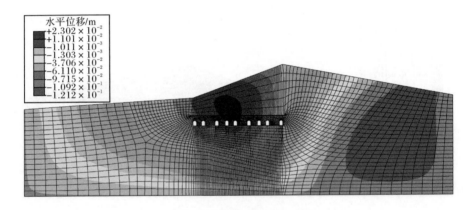

(c) 53 年后洞库水平位移分布图

图 9.43　洞库围岩水平位移分布图

表 9.3　工况 1 主洞室各关键点位移详情表

项目		位移/mm		
		3 年	23 年	53 年
1 号主洞室	A 点拱顶沉降	9.38	9.58	9.42
	DE 水平收敛	24.93	24.70	24.66
	H 点竖向位移	3.35	3.06	3.19
	B 点位移(水平,竖向)	25.73,−2.90	28.41,−3.29	28.88,−3.16
	C 点位移(水平,竖向)	4.46,−15.62	15.40,−15.64	15.84,−15.46

续表

项目		位移/mm		
		3 年	23 年	53 年
4 号主洞室	A 点拱顶沉降	15.38	11.49	11..43
	DE 水平收敛	23.41	23.42	23.40
	H 点竖向位移	10.09	8.94	8.99
	B 点位移(水平,竖向)	15.1,−4.68	4.2,−5.85	4.7,−5.71
	C 点位移(水平,竖向)	−9.53,−10.3	−15.50,−15.4	−5.97,−15.3
7 号主洞室	A 点拱顶沉降	21.21	24.19	24.60
	DE 水平收敛	34.99	35.17	35.17
	H 点竖向位移	11.88	15.24	15.07
	B 点位移(水平,竖向)	15.84,−5.12	9.55,−15.96	10.1,−8.15
	C 点位移(水平,竖向)	−2.61,−15.1	−2.36,−4.0	−2.31,−4.2
9 号主洞室	A 点拱顶沉降	20.22	24.21	24.60
	DE 水平收敛	44.92	45.04	45.03
	H 点竖向位移	20.34	11.96	11.64
	B 点位移(水平,竖向)	4.93,−4.71	15.30,−8.47	15.87,−8.84
	C 点位移(水平,竖向)	−39.77,−15.33	−31.49,−15.1	−31.92,−15.5

　图 9.44 为洞库围岩塑性区分布图。根据围岩剪胀性质选取屈服参数,等效塑性应变反映了围岩屈服后体积增加情况,可视为度量开挖引起的围岩松动程度的物理量。由图 9.44 可知,在整个分析期间其塑性区面积较小,说明洞室稳定性较好。由于洞库注取油压较低,整个运营期塑性区范围基本保持不变。值得注意的是,6 号、7 号和 8 号主洞室周围松动区范围出现了连通现象,将会影响洞室的密封性。

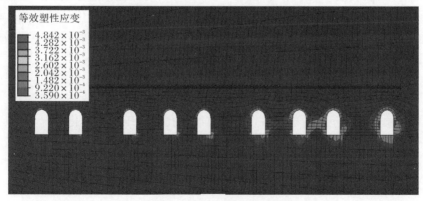

(a) 3 年后洞库塑性区分布图

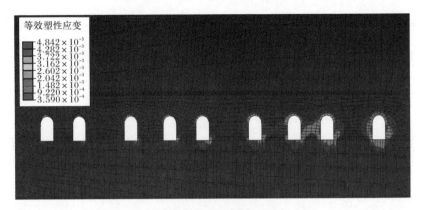

(b) 23 年后洞库塑性区分布图

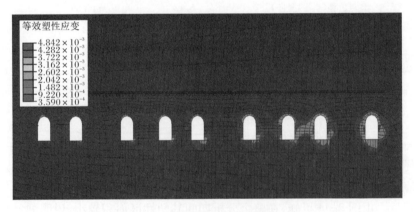

(c) 53 年后洞库塑性区分布图

图 9.44　洞库围岩塑性区分布图

综合来说,从位移大小来看,随着埋深的增加,洞库位移逐渐变大。但位移值均较小,说明洞库围岩稳定性较好。注采循环荷载对深埋洞室位移的影响比较明显,这是由于深埋情况下围岩受到的应力较大,更接近循环荷载试验中剪缩区与剪胀区分界线的"门槛值"。

2. 水封性

在主洞室上下左右各选取一点来研究洞库孔隙水压力的变化情况,各点位置如图 9.45 所示。

图 9.46(a)~(d)分别为代表性主洞室孔隙水压力变化曲线。图 9.47(a)~(b)分别为 3 年、23 年和 53 年后洞库地下水位变化曲线。

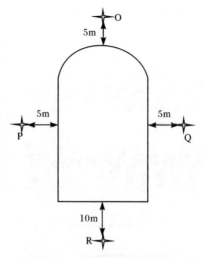

图 9.45　关键点分布示意图

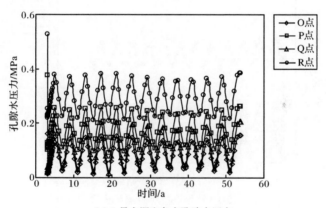

(a) 1 号主洞室各点孔隙水压力

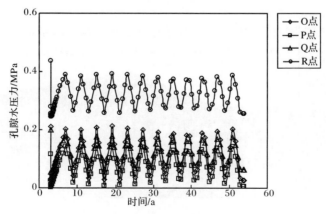

(b) 4 号主洞室各点孔隙水压力

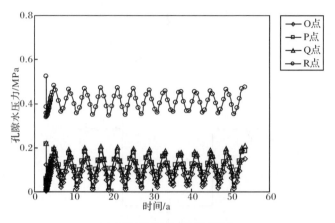

（c）7 号主洞室各点孔隙水压力

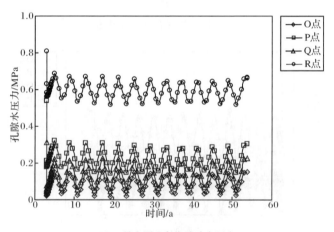

（d）9 号主洞室各点孔隙水压力

图 9.46　工况 1 各主洞室孔隙水压力变化时程曲线

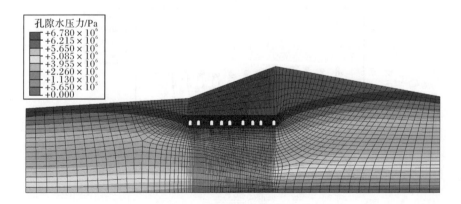

（a）3 年时洞库地下水位分布图

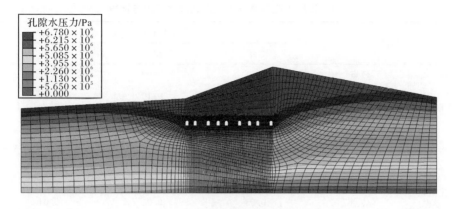

(b) 23 年时洞库地下水位分布图

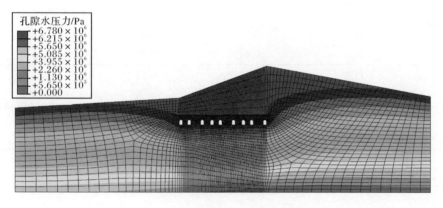

(c) 53 年时洞库地下水位分布图

图 9.47　洞库地下水位分布图

　　由图 9.47 可知,随注取荷载作用孔隙水压力有较大的起伏,注油时孔隙水压力增大,反之减小。随着时间的增加,孔隙水压力基本保持稳定,说明库区的渗流场和水封性维持良好。与 3 年时相比,23 年和 53 年时 9 号主洞室上方水位有较为明显的下降,说明设置水幕巷道是必要的,若没有设置水幕巷道将导致洞库水封失效。工况 1 情况下各个主洞室关键点孔隙水压力大小如表 9.4 所示。

表 9.4　工况 1 主洞室各关键点孔隙水压力详情表

项目		孔隙水压力/MPa		
		3 年	23 年	53 年
1 号主洞室	O 点	0.01	0.02	0.02
	P 点	0.10	0.10	0.10
	Q 点	0.02	0.02	0.03
	R 点	0.22	0.21	0.22
4 号主洞室	O 点	0.03	0.03	0.04
	P 点	0.01	0.01	0.01
	Q 点	0.03	0.04	0.04
	R 点	0.25	0.24	0.24
7 号主洞室	O 点	0.00	0.01	0.01
	P 点	0.03	0.04	0.04
	Q 点	0.02	0.03	0.03
	R 点	0.34	0.33	0.33
9 号主洞室	O 点	0.56	0.52	0.52
	P 点	0.18	0.15	0.15
	Q 点	0.05	0.05	0.06
	R 点	0.02	0.02	0.02

9.3.3　异步注取条件下分析结果

1. 稳定性

在工况 2 情况下拱顶沉降变化情况如图 9.48 所示,主洞室开挖的 3 年后 1号、4 号、7 号和 9 号主洞室拱顶沉降分别为 9.38mm、15.38mm、21.21mm 和20.22mm;23 年后拱顶沉降分别为 9.30mm、15.94mm、23.77mm 和 23.95mm;53年后拱顶沉降分别为 9.17mm、15.93mm、24.00mm 和 24.37mm。在 50 年的循环注取过程中 1 号和 4 号主洞室拱顶沉降基本不变,而 7 号和 9 号主洞室拱顶沉降逐渐增大;7 号主洞室增加了 13.1%,9 号主洞室增加了 20.5%;这说明随着埋深的增加受循环注取的影响越大。

工况 2 情况下水平收敛变化情况如图 9.49 所示。主洞室开挖的 3 年后 1 号、4 号、7 号和 9 号主洞室水平收敛分别为 24.93mm、23.41mm、34.99mm 和44.92mm;23 年后水平收敛分别为 24.71mm、23.50mm、35.23mm 和 45.05mm;53 年后水平收敛分别为 24.67mm、23.48mm、35.23mm 和 45.05mm。在 50 年的

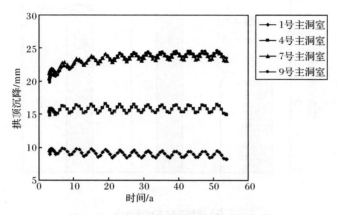

图 9.48 工况 2 各洞拱顶沉降时程曲线

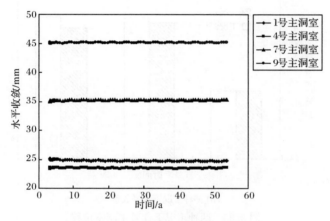

图 9.49 工况 2 各洞水平收敛时程曲线

循环注取过程中各个主洞室水平收敛基本不变,说明洞库围岩稳定性较好。图 9.50(a)、(b)分别为两种工况下 9 号洞室拱顶沉降和水平收敛。由图 9.50 可知,与工况 1 相比,工况 2 的拱顶沉降略小,这说明同步注取石油对库区围岩竖向位移影响较大;工况 2 的水平收敛小于工况 1,说明异步注取石油对库区围岩水平收敛影响较大。

图 9.51 为 53 年后塑性区分布图。由图 9.51 可知,与工况 1 相比,其塑性区无明显变化且面积较小,说明洞室稳定性较好。同样,6 号、7 号和 8 号主洞室周围松动区范围出现了连通现象,将影响洞室的密闭性。工况 2 情况下各个主洞室关键点位移如表 9.5 所示。

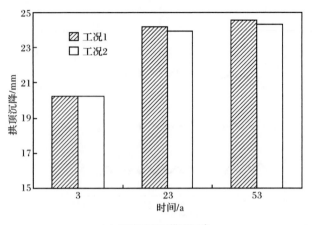

（a）两种工况下拱顶沉降

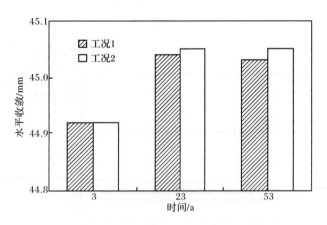

（b）两种工况下水平收敛

图 9.50　两种工况下 9 号主洞室位移

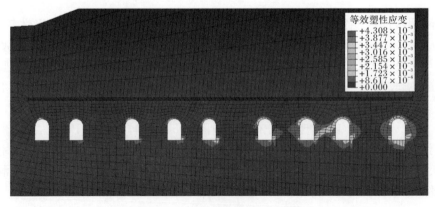

图 9.51　洞库围塑性区分布图

表 9.5　工况 2 主洞室各关键点位移详情表

项目		位移/mm		
		3 年	23 年	53 年
1 号主洞室	A 点拱顶沉降	9.38	9.30	9.17
	DE 水平收敛	24.93	24.71	24.67
	H 点竖向位移	3.35	3.30	3.41
	B 点位移(水平,竖向)	25.73,−2.90	28.27,−3.05	28.68,−2.95
	C 点位移(水平,竖向)	4.46,−15.62	15.26,−15.34	15.71,−15.19
4 号主洞室	A 点拱顶沉降	15.38	15.94	15.93
	DE 水平收敛	23.41	23.50	23.48
	H 点竖向位移	10.09	9.41	9.40
	B 点位移(水平,竖向)	15.10,−4.68	4.05,−5.38	4.57,−5.31
	C 点位移(水平,竖向)	−9.53,−10.3	−15.69,−10.81	−15.15,−10.78
7 号主洞室	A 点拱顶沉降	21.21	23.77	24.00
	DE 水平收敛	34.99	35.23	35.23
	H 点竖向位移	11.88	15.57	15.53
	B 点位移(水平,竖向)	15.84,−5.12	9.76,−15.50	10.31,−15.72
	C 点位移(水平,竖向)	−21.14,−15.1	−23.46,−13.62	−22.91,−13.84
9 号主洞室	A 点拱顶沉降	20.22	23.95	24.37
	DE 水平收敛	44.92	45.05	45.05
	H 点竖向位移	20.34	11.18	11.84
	B 点位移(水平,竖向)	4.93,−4.71	15.44,−8.2	8.0,−8.6
	C 点位移(水平,竖向)	−39.77,−15.33	−31.37,−10.86	−31.81,−15.25

2. 水封性

图 9.52(a)～(d)分别为各个主洞室周围关键点孔隙水压力变化曲线,
图 9.53(a)～(c)分别为 3 年、23 年和 53 年后库区地下水位变化曲线。由图可知,
随注取荷载作用孔隙水压力有较大的起伏,注油时孔隙水压力增大,反之亦减小。
随着时间的增加,孔隙水压力基本保持稳定,说明库区的渗流场和水封性维持良
好。异步注取条件下水位略低于同步注取条件下水位,但差异不大。工况 2 情况
下各个主洞室关键点孔隙水压力大小如表 9.6 所示。

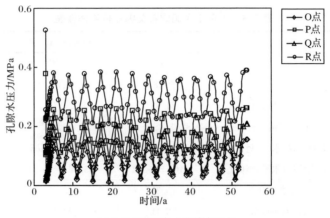

(a) 1号主洞室各点孔隙水压力

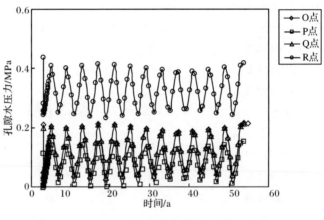

(b) 4号主洞室各点孔隙水压力

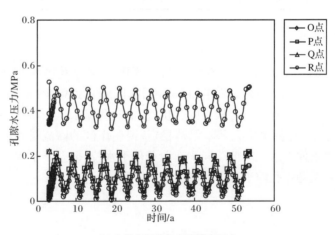

(c) 7号主洞室各点孔隙水压力

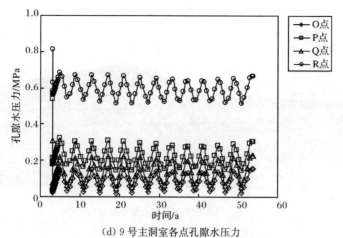

(d) 9 号主洞室各点孔隙水压力

图 9.52　工况 2 各主洞室孔隙水压力变化时程曲线

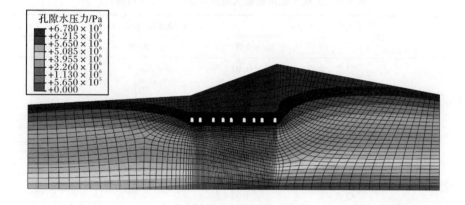

(a) 3 年时洞库地下水位分布图

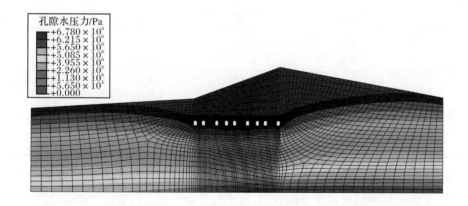

(b) 23 年时洞库地下水位分布图

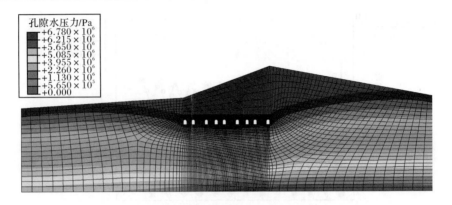

（c）53年时洞库地下水位分布图

图 9.53　洞库地下水位分布图

表 9.6　工况 2 主洞室各关键点孔隙水压力详情表

项目		孔隙水压力/MPa		
		3 年	23 年	53 年
1 号主洞室	O 点	0.01	0.02	0.02
	P 点	0.10	0.10	0.10
	Q 点	0.02	0.02	0.03
	R 点	0.22	0.21	0.22
4 号主洞室	O 点	0.03	0.21	0.20
	P 点	0.01	0.14	0.14
	Q 点	0.03	0.18	0.17
	R 点	0.25	0.39	0.39
7 号主洞室	O 点	0.00	0.01	0.01
	P 点	0.03	0.07	0.07
	Q 点	0.02	0.03	0.03
	R 点	0.34	0.35	0.35
9 号主洞室	O 点	0.56	0.52	0.52
	P 点	0.18	0.15	0.15
	Q 点	0.05	0.05	0.05
	R 点	0.02	0.02	0.02

　　图 9.54 为两种工况下 4 号主洞室 R 点孔隙水压力。图 9.54 中 23 年和 53 年时,工况 1 中 4 号主洞室处在注油状态,而工况 2 中 4 号主洞室处在取油状态。由图 9.54 可知,孔隙水压力受循环荷载作用影响明显,由于水幕巷道的存在,在整

个分析期间孔隙水压力基本保持不变。

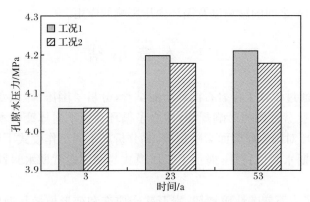

图 9.54 两种工况下 4 号主洞室 R 点孔隙水压力

图 9.55 为两种工况下各主洞室每延米 50 年渗水量对比图。渗水量通过对各个洞室洞壁节点流量求和计算得到。两种工况对比,工况 2 中洞库总渗水量略大于工况 1,两种工况中 3 号与 5 号主洞室渗水量略有差异,而其他各洞室渗水相差不大。9 号洞室渗水量最大,约为 307m³/m;4 号洞室渗水量最小,约为 127m³/m。受相邻洞室影响,各洞室渗水量并不与埋深成正比,其中 1 号和 9 号洞室只有一侧受其他洞室影响,所以渗水量比附近洞室大。

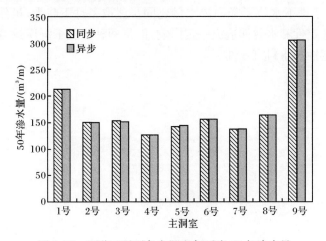

图 9.55 两种工况下各主洞室每延米 50 年渗水量

根据各个洞室运营期总渗水量,可以确定各个洞室单位长度渗水速率为 0.007~0.017m³/(m·d)。根据 5.4 节中大岛洋志公式和佐藤邦明公式分别计算的单位长度最大渗水量为 0.023m³/d 和 0.021m³/d。比较本章计算结果与经验公式估算结果,可以发现经验公式估算值大于计算结果,这是由于经验公式是针对单条隧道且没有考虑水位下降及其循环内压影响,而在数值计算中考虑了水位下降、相邻洞室之间的影响以及循环内压影响的作用。

9.4　本 章 小 结

本章主要通过依托工程岩石循环荷载试验,分析了围压、体积变化、循环次数等因素对岩体疲劳性质的影响规律,建立了循环荷载下岩体疲劳本构力学模型,揭示了荷载循环对围岩屈服面影响规律,并分析在不同工作模式下依托地下水封石洞油库运营期水封性特征,揭示了工作模式与洞库运营期水封性关系,主要内容总结如下:

(1) 获得了岩石疲劳性质特征:岩石残余应变和变形模量与循环次数之间关系与岩石体积变形状态相关;在应力-应变全空间内,花岗岩疲劳性质为三个区域,不同区域内微观机制不同;岩石疲劳破坏门槛值应为剪缩和剪胀区域分界点对应的峰值偏应力;循环荷载作用下岩石疲劳势有别于单调加载时塑性势,循环荷载作用下岩石表现出比单调加载时更强的抵抗体积变形能力。

(2) 建立了岩土材料疲劳力学模型,编写用户子程序,采用有限元分析方法,以关键点位移、关键点应力、塑性区、孔隙水压力、地下水位以及渗水量为指标,对同步注取和异步注取两种工况下洞库稳定性和水封性进行了分析评价,分析发现:异步注取条件下水位下降和渗水量比同步注取条件下略大;虽然注取循环荷载对洞库的稳定性和水封性造成一定影响,但是两种工况下洞库运营过程中均能保持围岩稳定性和水封有效性。

参 考 文 献

[1] 田春荣.2012 年中国石油和天然气进出口状况.国际石油经济,2013,21(3):44—55.

[2] 钱七虎.国家石油储备库应建于地下.科学时报,2007,http://news.sciencenet.cn/html-news/200731411261549217473.html.

[3] 王梦恕,杨森.地下水封岩洞油库是储存油品的最好型式//中国土木工程学会第十届隧道及地下工程分会第十三届年会.北京,2004.

[4] Morfeldt C O. Storage of petroleum products in man made caverns in Sweden. Bulletin of Engineering Geology and the Environment,1983,28(1):17—30.

[5] 薛禹群.地下水动力学(第二版).北京:地质出版社,2003:40—43.

[6] 周志芳.裂隙介质水动力学原理.北京:高等教育出版社,2007.

[7] 周创兵,陈益峰,姜清辉,等.复杂岩体多场广义耦合分析导论.北京:中国水利水电出版社,2008.

[8] 仵彦卿.岩土水力学.北京:科学出版社,2009.

[9] 王媛,徐志英.复杂裂隙岩体渗流与应力弹塑性全耦合分析.岩石力学与工程学报,2000,19(2):177—181.

[10] 朱珍德,郭海庆.裂隙岩体水力学基础.北京:科学出版社,2007.

[11] Sudicky E A,Mclaren R G. The Laplace transform Galerkin technique for large-scale simulation of mass transport in discretely fractured porous formations. Water Resources Research,1992,28(2):499—514.

[12] Oda M. Permeability tensor for discontinuous rockmasses. Géotechnique, 1985, 35(4): 483—495.

[13] Harstad H,Teufell W,Lorenz J C. Characterization and simulation of fluid flow in natural fracture networks. Rocky Mountain Association of Geologists,1997:177—182.

[14] 田开铭,万力.各向异性裂隙介质渗透性的研究与评价.北京:学苑出版社,1989.

[15] 肖裕行,王泳嘉,卢世宗,等.裂隙岩体水力等效连续介质存在性的评价.岩石力学与工程学报,1999,18(1):75—80.

[16] Wittke W. Rock mechanics-Theory and Applications with Case Histories. Berlin:Springer,1990,377—386.

[17] 毛昶熙,陈平,李定方,等.岩石裂隙渗流的计算与试验.水力水运科学研究,1984,3:29—37.

[18] Wilson C. R,Witherspoon P A. Steady state flow in rigid networks of fractures. Water Resources Research,1974,10(2):328—335.

[19] Long J C S,Remer J S,WiLson C R,et al. Porousmedia equivalents for networks of discontinuous fractures. Water Resources Research,1982,18(3):645—658.

[20] 张国新,武晓峰.裂隙渗流对岩石边坡稳定的影响——渗流、变形耦合作用的 DDA 法.岩石力学与工程学报,2003,22(8):1269—1275.

[21] 王恩志,孙役,黄远智,等. 三维离散裂隙网络渗流模型与试验模拟. 水利学报,2002,(5):37—40.

[22] 谭文辉,蔡美峰,周汝弟. 节理边坡渗流离散元模拟及边坡可靠性分析. 北京科技大学学报,2003,25(4):295—299.

[23] 宋晓晨,徐卫亚. 裂隙岩体渗流概念模型研究. 岩土力学,2004,25(2):226—231.

[24] 王泳嘉,刘连峰. 三维离散单元法及其在边坡工程中的应用. 中国矿业,1996,5(5):34—39.

[25] 焦玉勇,葛修润. 基于静态松弛法求解的三维离散单元法. 岩石力学与工程学报,2000,19(4):453—458.

[26] 王辉,常晓林,周伟,等. 基于流固耦合的重力坝深层抗滑稳定离散元分析. 四川大学学报,2010,42(1):48—53.

[27] 王艳丽,王勇,徐建聪,等. 节理岩质边坡地下水渗流的离散元分析. 地下空间与工程学报,2008,4(4):620—624.

[28] 卢兴利,刘泉声,吴昌勇,等. 断层破裂带附近采场采动效应的流固耦合分析. 岩土力学,2009,30:165—168.

[29] 仵彦卿. 岩体水力学基础(六)-岩体渗流场与应力场耦合的双重介质模型. 水文地质工程地质,1998,(1):43—46.

[30] 陈崇希. 岩溶管道-裂隙-孔隙三重空隙介质地下水流模型及模拟方法研究. 地球科学-中国地质大学学报,1995,20(4):361—366.

[31] 王恩志,王洪涛,孙役. 双重裂隙系统渗流模型研究. 岩石力学与工程学报,1998,17(4):400—406.

[32] 王媛. 单裂隙面渗流与应力的耦合特性. 岩石力学与工程学报,2002,21(1):83—87.

[33] 柴军瑞,仵彦卿. 岩体渗流场和应力场耦合分析的多重裂隙网络模型. 岩石力学与工程学报,2000,19(6):712—717.

[34] Louis C. Rock hydrolics∥Muller L ed. Rockmechanics. New York:Elsevier Science,1974.

[35] Jones F O. ALaboratory study of the effects of confining pressure on fracture flow and storage capacity in carbonate rocks. Journal of Petroleum Technology,1975,21(2):151—159.

[36] Nelson R A. Fracture permeability in porous reservoirs:An experimental and field approach [PhD Dissertation]. Texas:Department of Geology,Texas Aandm University,1975.

[37] Kranz R L,Frankel A D,Engelder T,et al. The permeability of whole and jointed Barre granite. International Journal Rock Mechanics Mining Science and Geomechanics Abstracts,1979,16(2):225—234.

[38] Gale J E. The effects of fracture type (induced versus natural) on the stress-fracture closure-fracture permeability relationships∥Proceedings of the 23rd Symposium on Rockmechanics. Berkeley,USA,1982.

[39] Sharp J C,Maini Y N T. Fundamental considerations on the hydraulic characteristics of joints in rock∥Proceedings of the International Symposium on Percolation through Fissured Rock. Stuttgart,Germany,1972:1—15.

[40] Makurat A. The effect of shear dispLacement on the permeability of natural rough joints hydrogeology of rocks of low permeability// Proceedings of the 17th International Congress on Hydrogeology. Tucson, USA, 1985:99—106.

[41] Barton N, Bandis S, Bakhtar K. Strength, deformation and conductivity coupling of rock joints. International Journal Rock Mechanics Mining Science and Geomechanics Abstracts, 1985, 22(3):121—140.

[42] Makurat A, Barton N, Rad N S, et al. Joint conductivity variation due to normal and shear deformation// Proceedings of the International Symposium on Rock Joints. Rotterdam: A. A. Balkema, 1990:535—540.

[43] Gangi A F. Variation of whole and fractured porous rock permeability with confining pressure. International Journal Rock Mechanics Mining Science and Geomechanics Abstracts, 1978, 15(4):249—257.

[44] Walsh J B. Effect of pore pressure and confining pressure on fracture permeability. International Journal Rock Mechanics Mining Science and Geomechanics Abstracts, 1981, 18(2): 429—435.

[45] Tsang Y W, Witherspoon P A. Hydromechanical behavior of a deformable rock fracture subject to normal stress. Journal of Geophys Research, 1981, 86(B10):9187—9298.

[46] 徐卫亚,杨圣奇,杨松林,等. 绿片岩三轴流变力学特性的研究(I):试验结果. 岩土力学, 2005, 26(4):531—537.

[47] Aberg B. Model tests on oil storage in unlined rock caverns// Proceedings of the First International Symposium on Storage in Excavated Rock Caverns. Stockholm, Sverige, 1977: 517—530.

[48] Aberg B. Prevention of gas leakage from unlined reservoirs in rock // Proceedings of the First International Symposium on Storage in Excavated Rock Caverns. Stockholm: Pergamon Press, 1977:399—413.

[49] Goodall D C. Containment of gas in rock caverns. Berkley: University of California, 1986.

[50] Suh J, Chung H, Kim C. A study on the condition of preventing gas leakage from the unLined rock cavern. International Journal of Rock Mechanics & Mining Sciences & Geomechanics Abstracts, 1987, 24(5):725—736.

[51] Rehbinder G, Karlsson R, Dahlkild A. A study of a water curtain around a gas store in rock. Applied Scientific Research, 1988, 45(2):107—127.

[52] Nilsen B, Olsen J. Storage of Gases in Rock Caverns. Rotterdam: A. A. Balkema, 1989.

[53] Lee Y N, Yun S P, Kim D Y. et al. Design and construction aspects of unlined oil storage caverns in rock. Tunnelling and Underground Space Technology, 1996, 11(1):33—37.

[54] Yang D W, Kim D S. Preliminary study for determining water curtain design factor by optimization technique in underground energy storage. International Journal of Rock Mechanics and Mining Sciences, 1998:35(4-5):409.

[55] Kim T, Lee K, Ko K S, et al. Groundwater flow system inferred from hydraulic stresses and

heads at an underground LPG storage cavern site. Journal of Hydrology,2000,236(3-4):
165—184.

[56] 高翔,谷兆棋.人工水幕在不衬砌地下贮气洞室工程中的应用.岩石力学与工程学报,
1997,16(2):178—187.

[57] 杨明举,关宝树.地下水封储气洞库原理及数值模拟分析.岩石力学与工程学报,2001,
20(3):301—305.

[58] 杨明举,关宝树.地下水封裸洞储存 LPG 耦合问题的变分原理及应用.岩石力学与工程学
报,2003,22(4):515—520.

[59] 陈奇,慎乃齐,连建发,等.液化石油气地下洞库围岩稳定性分析——以山东某地实际工程
为例.煤田地质与勘探,2002,30(3):33—36.

[60] 张振刚,谭忠盛,万姜林,等.水封式 LPG 地下储库渗流场三维分析.岩土工程学报,2003,
25(3):331—335.

[61] 李仲奎,刘辉,曾利,等.不衬砌地下洞室在能源储存中的作用与问题.地下空间与工程学
报,2005,1(3):350—357.

[62] 许建聪,郭书太.地下水封洞库围岩地下水渗流量计算.岩土力学,2010,31(4):
1295—1302.

[63] 时洪斌,刘保国.水封式地下储油洞库人工水幕设计及渗流量分析.岩土工程学报,2010,
32(1):130—137.

[64] 时洪斌.黄岛地下水封洞库水封条件和围岩稳定性分析与评价(博士学位论文).北京:北
京交通大学,2010.

[65] 蒋中明,冯树荣,曹铃,等.水封油库地下水位动态变化特性数值模拟.岩土工程学报,
2011,33(11):1780—1785.

[66] 王者超,李术才,薛翊国,等.大型地下水封石洞油库施工过程力学研究.岩土力学,2013,
34(1):275—282.

[67] 李术才,平洋,王者超,等.基于离散介质流固耦合理论的地下石洞油库水封性和稳定性评
价.岩石力学与工程学报,2012,31(11):2161—2170.

[68] 王梦恕,杨会军.2008.地下水封岩洞油库设计、施工的基本原则.中国工程科学,10(4):
11—16,28.

[69] Withershoon P A,Tsang Y W,Long J C S,et al. New approaches to problems of fluid flow
in fractured rockmasses∥The 22nd US Symposium on Rockmechanics. Cambridge, UK,
1981.

[70] 国家发展和改革委员会.地下水封洞库岩土工程勘察规范(SY/T 0610—2008).2008.

[71] 蒋宇静,王刚,李博,等.2007.岩石节理剪切渗流耦合试验及分析.岩石力学与工程学报,
26(11):2254—2259.

[72] 李海波,冯海鹏,刘博.2006.不同剪切速率下岩石节理的强度特性研究.岩土工程学报,
25(12):2435—2440.

[73] Lomize G M. Flow in Fractured Rocks. Moscow:Gesenergoizdat,1951.

[74] Romm E S. Flow Characteristics of Fractured Rocks. Moscow:Nedra,1966.

[75] Louis C. A study of groundwater flow in jointed rock and its influence on the stability of rockmasses. London: Imp. Coll. ,1969:91—98.

[76] Fernandez G,Moon J. Excavation-induced hydraulic conductivity reduction around a tunnel-Part 1:Guideline for estimation of groundwater inflow rate. Tunnelling and Underground Space Technology,2005,25(5):560—566.

[77] 王建秀,朱合华,叶为民. 隧道涌水量的预测及其工程应用. 岩石力学与工程学报,2004,23(7):1150—1153.

[78] 王媛,秦峰,李冬田. 南水北调西线工程区地下径流模数、岩体透水性及隧洞涌水量预测. 岩石力学与工程学报,2005,24(20):3673—3678.

[79] 王媛,王飞,倪小东. 基于非稳定渗流随机有限元的隧道涌水量预测. 岩石力学与工程学报,2008,28(10):1986—1994.

[80] 任旭华,束加庆,单治钢,等. 锦屏二级水电站隧洞群施工期地下水运移、影响及控制研究. 岩石力学与工程学报,2009,28(S1):2891—2897.

[81] 李术才,赵岩,徐帮树,等. 海底隧道涌水量数值计算的渗透系数确定方法. 岩土力学,2012,33(5):1497—1505.

[82] 乔伟,李文平,赵成喜. 煤矿底板突水评价突水系数-单位涌水量法. 岩石力学与工程学报,2009,28(12):2466—2474.

[83] 王者超,李术才,梁建毅,等. 地下水封石洞油库渗水量预测与统计. 岩土工程学报,2014,36(8):1490—1497.

[84] 王者超,李术才,乔丽苹,等. 大型地下石洞油库自然水封性应力-渗流耦合分析. 岩土工程学报,2013,35(8):1535—1543.

[85] 王凤艳,陈剑平,付学慧,等. 基于 VirtuoZo 的岩体结构面几何信息获取研究. 岩石力学与工程学报,2008,27(1):169—175.

[86] Pomm J S. Properties of Follow in Fissured Rock (in Russian). Moscow:Nedra,1966.

[87] Snow D T. Anisotropic permeability of fracture media. Water Resources Research,1969,5(6):1273—1289.

[88] 李术才,张立,马秀媛,等. 大型地下水封石洞油库渗流场时空演化特征研究. 岩土力学,2013,34(7):1979—1986.

[89] 李逸凡. 裂隙岩体各向异性渗透特征及其在地下水封石洞油库中的应用(硕士学位论文). 济南:山东大学,2012.

[90] 张立. 大型地下水封石洞油库渗流场演化及水封性研究(硕士学位论文). 济南:山东大学,2013.

[91] Duquit J. Estudes Théoriques et pratiques sur le Mouvemeny des Eaux dans les canaux découverts el a Travars les Terrains Perméables. Paris:Dunod,1863.

[92] 陈喜,陈洵洪. 美国 Sand Hills 地区地下水数值模拟及水量平衡分析. 水科学进展,2004,15(2):94—99.

[93] Osman Y Z, Bruen M P. Modelling stream-aquifer seepage in an alluvial aquifer:An improved loosing-stream package for MODFLOW. Journal of Hydrology,2002,264(1-4):

69—86.

[94] Ramireddygarj S R,Sophocleousm A. Development and application of a comprehensive sim-ulationmodel to evaluate impacts of watershed structures and irrigation water use on stream-flow and groundwater：The case of Wet Walnut Creek Watershed，Kansas，USA. Journal of Hydrology，2000，236(3-4)：223—246.

[95] Harrington G A,Walker G R. A compartmental mixing-cell approach for the quantitative assessment of groundwater dynamics in the Otway Basin，South Australia. Journal of Hydrology，1999，214(1-4)：49—63.

[96] Juan C S,Kolm K E. Conceptualization，characterization and simulation model of the Jack-son Hole alluvial aquifer using ARC/INFO and MODFLOW. Engineering Geology，1996，42(2.3)：119—137.

[97] 卢文喜. 地下水运动数值模拟过程中边界条件问题探讨. 水利学报，2003，34(3)：33—36.

[98] 陈锁忠. MODFLOW 三维有限差分地下水渗流模型的原理. 江苏地矿信息，1999，1：21—24.

[99] 朱维申，何满潮. 复杂条件下围岩稳定性与岩体动态施工力学. 北京：科学出版社，1996.

[100] 朱维申，李术才，白世伟，等. 施工过程力学原理的若干发展和工程实例分析. 岩石力学与工程学报，2003，22(10)：1586—1591.

[101] 陈卫忠，伍国军，贾善坡. ABAQUS 在隧道及地下工程中的应用. 北京：中国水利水电出版社，2010.

[102] ABAQUS Inc. ABAQUS Documentation. Providence：Rhode Island，2006.

[103] Muskat M. The Flow of Homogeneous Fluids through Porous Media. New York：Mcgraw-Hill，1937.

[104] 陈祥. 黄岛地下水封石洞油库岩体质量评价及围岩稳定性分析(博士学位论文). 北京：中国地质大学，2007.

[105] 李鹏飞，张顶立，周烨. 隧道涌水量的预测方法及影响因素研究. 北京交通大学学报，2010，34(4)：11—15.

[106] EI Tani M. Circular tunnel in a semi-infinite aquifer. Tunneling and Underground Space Technology，2003，18(1)：49—55.

[107] 平洋，王者超，李术才，等. 地下石洞油库随机节理裂隙围岩水封性评价. 岩土力学，2014，35(3)：811—819.

[108] 孙玉杰，邬爱清，张宜虎，等. 基于离散单元法的裂隙岩体渗流与应力耦合作用机制研究. 长江科学院院报，2009，(10)：62—70.

[109] Itasca Inc. Universal Distinct Element Code User's Guide. Minneapolis：Itasca Inc，2005：10—25.

[110] 吴月秀. 粗糙节理网络模拟及裂隙岩体水力耦合特性研究(博士学位论文). 武汉：中国科学院武汉岩土力学研究所，2010.

[111] Li Z,Wang K,Wang A,et al. Experimental study of water curtain performance for gas storage in an underground cavern. Journal of Rockmechanics and Geotechnical Engineer-

ing,2009,1(1):89—96.

[112] Yamamoto H,Pruess K. Numerical simulations of Leakage from underground LPG storage caverns. Berkeley:Ernest Orlando Lawrence Berkeley National Laboratory,2004.

[113] Park J J,Jeon S,Chung Y S. Design of Pyongtaek LPG storage terminal underneath Lake Namyang:A case study. Tunnelling and Underground Space Technology,2005,20(5): 463—478.

[114] Lee C I,Song J J. Rock engineering in underground energy storage in Korea. Tunnelling and Underground Space Technology,2003,18(5):467—483.

[115] 谭忠盛,万姜林,张振刚. 地下水封式液化石油气储藏洞库修建技术. 土木工程学报, 2006,39(6):88—93.

[116] 陈锡云. 地下液化石油气储库人工水幕施工技术. 路基工程,2010,(5):164—167.

[117] Leninsson G,Ajling G,Nord G. Design and construction of the Ningbo underground LPG storage project in China // Tunnelling and Underground Space Technology:Underground Space for Sustainable Urban Development. Proceedings of the 30th ITA-AITES Worpd Tunnel Congress. Singapore,2004:374—375.

[118] 王者超,李术才,薛翊国,等. 地下石洞油库水幕设计原则与连通性判断方法研究. 岩石力学与工程学报,2014,33(2):276—286.

[119] 赵乐之. 大型地下水封储油库围岩稳定及水封巷道合理设置高度研究(硕士学位论文). 北京:北京交通大学,2009.

[120] 中华人民共和国水利部. 工程岩体分级标准(GB/T 50218—2014). 北京:中国计划出版社,2014.

[121] 中华人民共和国铁道部. 铁路隧道设计规范(TB/T 10003—2005). 北京:中国铁道出版社,1999.

[122] 中华人民共和国交通部. 公路隧道设计规范(JTG D70—2014). 北京:人民交通出版社,2014.

[123] 王石春,何发亮,李苍松. 隧道工程岩体分类. 成都:西南交通大学出版社,2007:33—60.

[124] 中华人民共和国水利部. 水利水电工程地质勘查规范(GB 50287—2008). 北京:中国计划出版社,2008.

[125] 梁建毅,李术才,薛翊国,等. 地下储油库岩体水文地质分类及工程应用研究. 山东大学学报(自然科学版),2012,42(6):86—92.

[126] 赵奎,金解放,赵康,等. 用岩石点荷载指标确定其单轴抗压强度的试验研究. 矿业研究与开发,2005,25(6):32—34.

[127] 田景元,刘汉龙. 节理面按产状的模糊聚类及其优势方位的确定. 华东地质学院学报, 2002,25(2):97—99.

[128] 孙其国. 模糊聚类分析法在结构面产状分组中的应用. 化工矿山技术,1997,26(1): 57—59.

[129] 周玉新,周志芳,孙其国. 岩体结构面产状的综合模糊聚类分析. 岩石力学与工程学报, 2005,24(13):2283—2287.

[130] 冯羽,马凤山,巩城城,等.节理岩体结构面优势产状确定方法研究.工程地质学报,2011, 19(6):887—892.

[131] 范留明,黄润秋.岩体结构面连通率估计的概率模型及其工程应用.岩石力学与工程学报,2003,22(5):723—727.

[132] 张发明,汪小刚,贾志欣,等.三维结构面连通率的随机模拟计算.岩石力学与工程学报, 2004,23(9):1486—1490.

[133] 张文泉,俞海玲.应用层次分析法确定矿井顶板涌水影响因素的权值.矿业安全与环保, 2006,33(2):50—52.

[134] 张秀山.地下油库岩体裂隙处理及水位动态预测.油气储运,1995,14(4):24—27.

[135] 仵彦卿,张倬元,王士天,等.岩体渗流场与应力场耦合的集中参数型数学模型研究.工程地质学报,1994,2(1):9—14.

[136] 郑少河,朱维申.裂隙岩体渗流损伤耦合模型的理论分析.岩石力学与工程学报,2001, 20(2):156—159.

[137] 许建聪,王余富.水下隧道裂隙围岩渗流控制因素敏感性层次分析.岩土力学,2009, 30(6):1719—1725.

[138] 钱七虎,戎晓力.中国地下工程安全风险管理的现状、问题及建议.岩石力学与工程学报, 2008,27(4):649—655.

[139] 姜彦彦.地下水封石洞油库施工期风险分析与评价研究(硕士学位论文).济南:山东大学,2013.

[140] 陆宝麒,梁建毅,张文辉,等.首座大型地下水封石洞油库工程建设管理集成创新模式.长江科学院院报,2014,31(1):98—102.

[141] 王者超,陆宝麒,李术才,等.地下水封石洞油库施工期安全风险评估研究.岩土工程学报,2015,37(6):1057—1067.

[142] 中国土木工程学会,同济大学.地铁及地下工程建设风险管理指南.北京:中国建筑工业出版社,2007.

[143] 葛修润.周期荷载作用下岩石大型三轴试验的变形和强度特征研究.岩土力学,1987, 8(2):11—18.

[144] 葛修润,卢应发.循环荷载作用下岩石疲劳破坏和不可逆变形问题的探讨.岩土工程学报,1992,14(3):56—60.

[145] 葛修润,蒋宇,卢允德,等.周期荷载作用下岩石疲劳变形特性试验研究.岩石力学与工程学报,2003,22(10):1581—1585.

[146] Akai K. PLate Loading tests onmulti-played sedimentary rocks//The 5th National Rock-mechanics Conference. Australia,1983,1:121—124.

[147] 莫海鸿.岩石的循环试验及本构关系的研究.岩石力学与工程学报,1988,7(3): 215—224.

[148] Xiao J,Ding D,Jiang F,et al. Fatigue damage variable and evolution of rock subjected to cyclic loading. International Journal of Rock Mechanics and Mining Sciences,2010,47: 461—468.

[149] 郭印同,赵克烈,孙冠华,等.周期荷载下盐岩的疲劳变形及损伤特性研究.岩土力学,32(5):1353—1359.

[150] Liu E L,He S M. Effects of cyclic dynamic loading on the mechanical properties of intact rock samples under confining pressure conditions. Engineering Geology,2012,125:81—91.

[151] 刘恩龙,黄润秋,何思明.循环加载时围压对岩石动力学特性的影响.岩土力学,2011,32(10):3009—3013.

[152] 杨永杰,宋杨,楚俊.循环荷载作用下煤岩强度及变形特征试验研究.岩石力学与工程学报,2007,26(1):201—205.

[153] 张凯,周辉,冯夏庭,等.大理岩弹塑性耦合特性试验研究.岩土力学,2010,31(8):2425—2434.

[154] 周辉,潘鹏志,冯夏庭,等.循环载荷作用下岩石单轴压缩破坏过程的平面弹塑性细胞自动机模型.岩石力学与工程学报,2006,25(S2):3623—3628.

[155] 朱明礼,朱珍德,李刚,等.循环荷载作用下花岗岩动力特性试验研究.岩石力学与工程学报,2009,28(12):2520—2526.

[156] 倪骁慧,朱珍德,李晓娟,等.循环荷载下花岗岩细观损伤量化试验研究.岩土力学,2011,32(7):1991—1995.

[157] 王者超,赵建纲,李术才,等.循环荷载作用下花岗岩疲劳力学特性及其本构模型研究.岩石力学与工程学报,2012,31(9):1888—1900.

[158] 王者超,李术才,薛翊国,等.注取油循环荷载作用下地下水封油库运营性能评价.工程力学,2013,30(12):167—175.

[159] 赵建纲.花岗岩疲劳力学特性试验研究与工程应用(硕士学位论文).济南:山东大学,2012.

[160] Rice J R. Inelastic constitutive relations for solids:An internal-variable theory and its application to metal plasticity. Journal of the Mechanics and Physics of Solids,1971,19(6):433—455.

[161] Collins I F,Houlsby G T. Application of thermomechanical principles to the modelling of geotechnicalmaterials. Proceedings of Royal Society of London,Series A,1997,453:1975—2001.

[162] 蒋宇,葛修润,任建喜.岩石疲劳破坏过程中的变形规律及声发射特征.岩石力学与工程学报,2004,23(11):1810—1814.

索　引